市政环境工程的微塑料污染

Microplastics Pollution in
Municipal Environmental Engineering

欧桦瑟　编著

暨南大学出版社
JINAN UNIVERSITY PRESS

中国·广州

图书在版编目（CIP）数据

市政环境工程的微塑料污染/欧桦瑟编著. —广州：暨南大学出版社，2024.4
ISBN 978 - 7 - 5668 - 3889 - 6

Ⅰ. ①市… Ⅱ. ①欧… Ⅲ. ①市政工程—环境工程—塑料垃圾—污染防治
Ⅳ. ①X783. 205

中国国家版本馆 CIP 数据核字（2024）第 057671 号

市政环境工程的微塑料污染
SHIZHENG HUANJING GONGCHENG DE WEISULIAO WURAN
编著者：欧桦瑟

出 版 人：阳　翼
责任编辑：曾鑫华　彭琳惠
责任校对：刘舜怡　许碧雅
责任印制：周一丹　郑玉婷

出版发行：暨南大学出版社（511434）
电　　话：总编室（8620）31105261
　　　　　营销部（8620）37331682　37331689
传　　真：（8620）31105289（办公室）　37331684（营销部）
网　　址：http：//www.jnupress.com
排　　版：广州尚文数码科技有限公司
印　　刷：广东信源文化科技有限公司
开　　本：787mm×1092mm　1/16
印　　张：9
字　　数：160 千
版　　次：2024 年 4 月第 1 版
印　　次：2024 年 4 月第 1 次
定　　价：39. 80 元

CONTENTS　目　录

第一章　环境微塑料污染

第一节　微塑料污染的定义

塑料是一种高分子有机化合物，通常是石油等原料提取的单体通过聚合或缩聚反应而形成的，是一种可塑性材料，具有高强度、轻重量、低成本以及高耐磨性和耐腐蚀性等优点。在许多领域，塑料已取代了传统材料，广泛应用于制造各种物品，如食品包装、电器设备、家居用品等。经济合作与发展组织（OECD）的统计报告显示，全球塑料使用量在过去的 70 多年里稳步增长，到 2019 年已经达到了 4.6 亿吨，比 20 世纪 80 年代增长了近 5 倍。[1]相应的塑料垃圾问题也十分严峻，全球每年的塑料垃圾总量已经超过 900 万吨。但是，仅有 18% 的塑料垃圾被回收利用、24% 被焚烧，其余大部分塑料垃圾被填埋或丢弃到环境中。由于改性塑料和其他合成材料的出现，塑料的成分变得更加复杂。即使是同一种类型的塑料，其成分和性质也存在很大差异，这使得废弃塑料的回收难度越来越大。因此，废弃塑料在环境中迅速积累，在物理、化学和生物作用下逐渐破碎分解成微塑料。

微塑料（microplastics，MPs）是指当量直径小于 5 mm 的塑料碎片[2]，包括聚乙烯（polyethylene，PE）、聚对苯二甲酸乙二醇酯（polyethylene-terephthalate，PET）、聚丙烯（polypropylene，PP）、聚苯乙烯（polystyrene，PS）、聚氯乙烯（polyvinyl chloride，PVC）等聚合物类型。由于微塑料体积小且分散性强，肉眼难以观察，因此在环境中持久存在且广泛分布。此外，微塑料具有比表面积大和疏水性强等特点，易吸附环境中的污染物，从而对生物链和生态环境产生潜在影响。目前，微塑料污染已经成为全球性的环境问题，引起了国内外学者的广泛关注与研究。

作为一种新污染物，微塑料广泛分布于全球各类水体，包括湖泊、河流、地下水、河口等。[3]在自然水生环境中，微塑料容易受到各种物理、化学和生物应力的影响，这些影响使其大小、形状、表面化学键等出现不可逆转的变化。值得注意的是，微塑料不断地变化和降解会改变它在环境中的分布特性和迁移行为。微塑料进入水体的来源包括个人护理用品微珠的释放、废弃塑料的降解和垃圾填埋场渗滤液的排放。一旦被释放到自然水系中，大部分微塑料会被河流输送到海洋，而其余的会留在淡水环境中。不管是淡水水体、海洋水体，还是陆地的土壤环境，都受到不同程度的微塑料污染。针对微塑料在环境中的归趋、迁移、转化、行为等进行相应的研究，对于了解微塑料污染的风险和危害非常重要。

第二节 微塑料的来源

目前，已经有大量研究揭示了微塑料污染的现状。在塑料生产和运输过程中的塑料颗粒释放是微塑料的一个主要来源。据报道，瑞典一家塑料厂附近的水体中含有大量的微塑料颗粒，其浓度高达 2 400 MPs/m³。[4]塑料工厂附近的各类环境介质都存在高强度的微塑料污染，因为其废水、废渣和废气也可能携带塑料颗粒。微塑料也用于制作个人护理用品，例如化妆品的微珠或磨砂膏、肥皂中的去角质剂、皮肤清洁剂、液体浴和牙膏等。面部磨砂膏中发现的微塑料颗粒数量为 1 000～19 000 MPs/mL，它们形状、颜色和大小各异。研究报道，土耳其伊斯坦布尔的 20 种牙膏中有 20% 含有 0.4%～1.0% 的 PE。[5]个人护理用品中的微塑料，通过废水处理厂处理之后，最终迁移到海洋环境中，而有一部分则随固体垃圾，经垃圾填埋场处理之后，进入垃圾渗滤液。由于微珠的尺寸小于废水处理厂过滤器的空隙尺寸，因此，一部分微珠颗粒穿过过滤系统最终进入海洋生态系统。[5]

空气喷砂和工业研磨技术是一种特殊程序，利用压缩空气产生气体喷射，使磨料通过喷嘴被推到需要研磨的表面。在通过介质喷涂工艺添加新涂层之前，工业研磨技术和空气喷砂通常用于清除钢铁表面（例如船体、机器、发动机和墙壁）上的铁锈、颜色和其他污染物。[6]微塑料（包括丙烯酸和聚酯）是该过程最常用的研磨介质。使用空气喷砂技术的行业包括飞机、船舶、电信和制造业。Waldschläger 等报道称，用作研磨介质的微塑料粒径为 0.2 mm～2.0 mm，可被视为微塑料污染的重要来源之一。[7]这个问题主要发生在港口油轮油漆的更换过程中，其表面研磨产生的未经处理的废水直接排放到海中，从而造成微塑料污染。

碎片化，即大尺寸的塑料逐渐转化为小尺寸的塑料和微塑料，是环境中次级微塑料的主要来源。大片塑料垃圾在陆地雨水冲刷过程中进入水生环境，导致塑料进入环境水体中，而最终这些塑料大部分进入海洋。其中的各种过程，均会促进塑料的降解和微塑料的生成。阳光照射、水体 pH 值和盐度、化学物质、物理张力和生物活动等都会导致塑料产生裂纹。暴露于某些化学物质和阳光下共同作用的过程称为化学光降解。海洋波浪产生的物理张力会对塑料表面造成磨损，暴露在空气和水中的周期性变化会导致塑料的碎裂。生物活动，包括微生物附着、动物附着和生物污染，也在海洋大型塑料制品的降解中发挥作用。这些过程都导致大型塑料逐渐老化降解并释放微塑料，从而加剧环境介质中的微塑料污染。

水上船只、鱼笼、渔具和渔网大多由塑料制成。这些物品的初始形式并非微小塑料物品，但在使用和废弃的过程中，长期老化降解会生成微塑料颗粒并释放到水生环境中。上述丢弃的物品，包括那些来自海岸娱乐场所的物品，通常和海洋垃圾一同漂浮在水面上，这些物品的碎片会逐渐老化产生微塑料颗粒。纤维绳和尼龙网是捕鱼活动中最常见的塑料废物。[8] 聚合物和纤维相关行业把微塑料当作副产品，释放到废水和固体废物中。清洗处理塑料产品生产的公用设施可以洗掉之前附着的微塑料，将它们释放到废水中。Napper 和 Thompson 的一项研究表明，在服装行业的单件产品的洗涤过程中，平均释放 1 900 个以超细纤维形式存在的微塑料颗粒。此外，塑料聚合物和增塑剂约占服装行业室内空气中灰尘的 33%，因此对工人造成潜在的健康影响。[9]

第三节 微塑料的营养转移机制

营养转移是将污染环境的微塑料通过食物链输送到更高营养级的生物体的机制。微塑料的营养转移通过三种主要机制发生，即摄入、生物蓄积和生物放大，如图 1-1 所示。

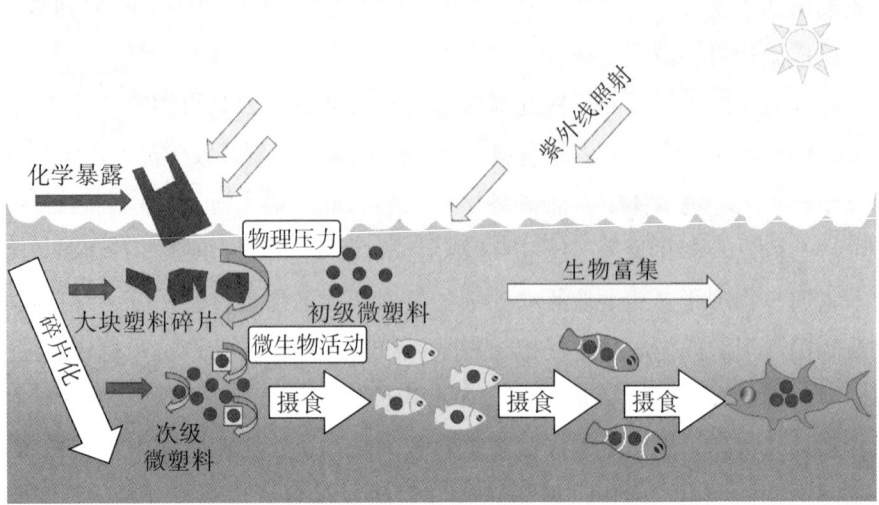

图 1 - 1   海洋环境中的微塑料及其可能的转移机制

一、摄入

摄入的对象主要是微塑料颗粒。直接摄入微塑料通常发生在低营养级生物上，这些生物（尤其是非选择性摄食者）错误地食用微塑料，或将其与浮游生物和沙粒大小相似的天然猎物一起摄入。[10]由于微塑料主要源于陆地，沿海地区的生物极易摄入这部分微塑料污染物。海洋生物摄入微塑料可分为两类，即直接摄入和间接摄入（也称为生物放大）。直接摄入是由无选择的进食行为所导致的，也可能是通过主动选择将塑料误认为是食物而产生的。[11]滤食和沉积喂养的鱼类由于其无选择性的摄食行为，极易直接摄入微塑料。[10]同时，当捕食者食用受污染的猎物时，就会发生间接摄入。仅使用下巴/牙齿进食的海洋哺乳动物会间接摄入大量的微塑料。[11]Compa 等发现西班牙地中海沿岸收集的鱼体样本中，每条鱼体内都至少含有 1 个微塑料颗粒，且摄入的大部分微塑料颗粒是纤维。[12]Tien 等在中国台湾省凤山河发现每条鱼体内至少有 14 个微塑料颗粒。[13]此外，在印度[14]和马来西亚[8]传统市场销售的商品鱼中也发现了 PE 和 PP 微塑料。

二、生物蓄积

生物蓄积是一种将污染物沉积在生物体内某个部位的机制。微塑料颗粒的生物蓄积主要发生在胃肠道器官中。[15]尽管一项研究表明摄入的塑料可以通过粪便排出体外[16]，但其他报告表明微塑料可能会在脂肪组织中积累[17]，因此对生物健康构成更大的风险。Zhu 等报道微塑料在牡蛎的鳃、外套膜甚至肌肉组织中积累，平均含量为 4.53 MPs/g 干重。[18]Akhbarizadeh 等在斜带石斑鱼和半沟对虾的肌肉组织中发现了微塑料的存在（0.36 MPs/g）。[15]随着微塑料被不断摄入，生物体内积累的微塑料颗粒数量会随着时间的推移而增加。一项关于小鼠微塑料暴露的研究表明，微塑料的浓度会随着暴露时间的延长而增加（从暴露第 1 天的 0.4 mg/g 到暴露第 20 天的 1.4 mg/g）。微塑料主要分布在受试小鼠的肾脏、肝脏和肠道中。生物体体内的微塑料浓度达到一定水平，可能会导致慢性甚至急性中毒。微塑料积累对水生生物群的一些慢性影响包括对胃肠道器官的损害、改变酶促反应、抑制生产力和改变行为。

三、生物放大

食物链中的捕食活动会增加生物体体内累积的微塑料，这属于生物放大的范畴。[15]较高营养级的生物可能会通过吃掉体内已经积累了微塑料的较低营养级的生物而获得更多的微塑料。[11]Akhbarizadeh 等进行了海洋生物群中微塑料的食物链放大因子和生物放大因子的计算。[15]结果表明，微塑料通过食物链进行了生物放大，但大部分放大发生在鱼的非食用部分。Goswami 等也提供了生物放大的证据，他们发现微塑料颗粒数量从浮游动物（0.12 MPs/个体）增加到有鳍鱼类（10.65 MPs/个体）。[19]Amin 等的研究揭示了马来西亚东部沿海地区五个不同地点的表层海水和浮游动物中存在的微塑料，平均丰度为 3.3 MPs/L。[20]此外，Saley 等也报道了微塑料的生物放大作用，发现微塑料从在藻类细胞内的 2.34 MPs/g 增加到它的捕食者 Tegula funebralis 体内的 9.91 MPs/g。[21]鉴于这种现象，人类也可能接触到微塑料，因为海产品是人类的基本蛋白质来源之一。人类接触微塑料的可能性在很大程度上取决于海鲜消费的程度。[15]研究人员最近在意大利的六个人类胎盘中检测到了微塑料，其来源可能是母体对海鲜的摄入，令人震惊。[22]

第四节　微塑料暴露风险

由于其化学和物理特性，微塑料会对生物体和环境产生许多有害影响（见图 1-2）。塑料一般是高分子聚合物，表面呈现一定的化学惰性，因此，其在环境中可长期存在，并产生有害影响。[23]塑料毒性与塑料的粒径成反比。微塑料比大塑料具有更危险的影响，因为它们可以进入生物体内并对生物体造成进一步的毒害作用。[24]

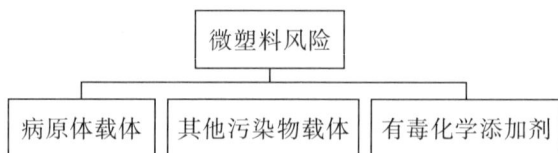

```
                    微塑料风险
        ┌───────────┼───────────┐
    病原体载体    其他污染物载体   有毒化学添加剂
```

图 1 - 2　微塑料带来的众所周知的风险

对微塑料污染的关注不仅是由于微塑料的成分和特性，还与微塑料携带的添加剂和吸附的污染物有关。[25]塑料生产通常会加入各种化学添加剂，占塑料质量的 4% ~10%。[26]常用添加剂有双酚 A、邻苯二甲酸盐、多溴联苯醚、壬基酚和三氯生等。[10]这些添加剂被认为具有一定毒性，生物体在发育阶段接触到这些添加剂，可能会造成永久性的生长和发育问题，并且可能通过影响内分泌激素的合成导致性功能障碍。[23]因此，上述化学物质也被称为内分泌干扰物。[25]环境中的微塑料会逐渐释放这些有毒添加剂，从而造成未知的环境风险。

微塑料具有较大的比表面积，且表面呈现非极性和疏水性的特征[10]，这些影响着塑料从周围环境吸附和积累各种有机和无机化学污染物的能力。疏水性污染物对微塑料具有很高的亲和力，微塑料吸附它们之后，充当载体运移这些污染物，从而带来潜在的风险。[11]此外，微塑料可能充当抗生素抗性基因和有害生物体的储存库，从而导致暴露的生物体患病。[10]微塑料对动物和人类的潜在影响在图 1 - 3 中进行了总结。

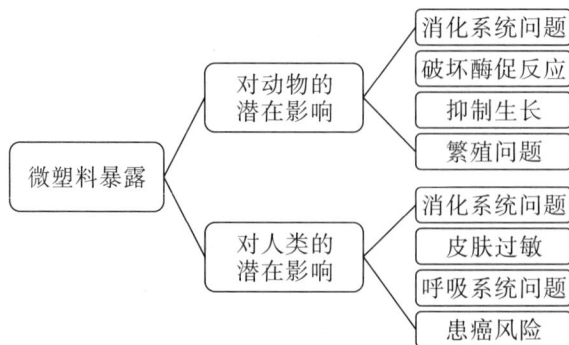

```
                        ┌──→ 消化系统问题
            ┌ 对动物的 ─┼──→ 破坏酶促反应
            │  潜在影响 ├──→ 抑制生长
微塑料暴露 ─┤           └──→ 繁殖问题
            │           ┌──→ 消化系统问题
            └ 对人类的 ─┼──→ 皮肤过敏
               潜在影响 ├──→ 呼吸系统问题
                        └──→ 患癌风险
```

图 1 - 3　微塑料的潜在影响

一、对动物的潜在影响

关于动物，研究主要集中在海洋生物上，海洋是微塑料污染的主要沉积区。海水中不同类型微塑料的生物利用性取决于微塑料密度。表层水中的远洋鱼类通常会遇到 PS、PP 和 PE 等低密度塑料，而深海中的底层鱼类则会接触 PET 和 PVC 等高密度微塑料。微塑料密度也会因碎裂以及表面生物膜附着而发生改变。[10]因为微塑料表面生物膜的存在，具有基于化学感受器的捕食者摄入微塑料的概率会有所增加。[27]

摄入后，微塑料微粒通过消化道进入生物体，随后对系统造成机械干扰，例如堵塞肠道和穿透肠壁。聚合物不能被生物体的酶消化，导致消化系统堵塞，从而降低进食活性。[28]然后，这些问题会导致体重减轻、能量储备耗尽、生殖障碍、胆固醇比例和分布发生变化、营养缺乏和生长减慢等危害。[29]在一项研究中，与未暴露的对照组相比，暴露于微塑料的鱼消化相同数量浮游动物的时间增加了近一倍。[27]生长迟缓也会导致生育率下降。胃肠道中存在微塑料会导致炎症、免疫活性增加和代谢特征发生变化。[10]

在肠道的酸性条件下，微塑料会释放有毒化学物质[27]，对生物体产生慢性甚至急性毒性。微塑料上吸附的化学污染物会解吸到组织中，导致有害的内分泌/免疫和生殖问题。微塑料释放的有毒化学物质/单体可以转移到内部器官、组织、活细胞以及循环系统和淋巴系统，并在全身扩散，从而产生慢性毒害作用。

二、对人类的潜在影响

海洋生物中微塑料的存在是人类摄入微塑料的主要原因之一。与去除消化道的海鲜产品相比，人类食用整体的海鲜更容易摄入微塑料。[11]目前研究表明，微塑料可以穿过细胞膜、血脑屏障和胎盘，引起氧化应激、细胞损伤、炎症和能量分配障碍。一项有关 PS 暴露的人类肺细胞和胃腺癌细胞的实验证明，PS 微塑料可以刺激胞质分裂，从而对两种类型的细胞产生炎症效应。[28]Bouwmeester 等和 Yu 等的研究都表明微塑料可以从肠腔进入淋巴和循环系统，从而扰乱肠道微生物群并引起肝脏脂质紊乱。[23, 25]此外，皮肤刺激、呼吸问题、潜在的癌症、心血管疾病和生殖问题是微塑料对人类的潜在影响。除了水产食品，人类摄入微塑料的其他可能途径包括吸入（城市灰尘和合成纺织品）、摄入（饮用水、食盐、蜂蜜和糖）和皮肤接触（汗腺、开放性损伤和毛囊）等。

　　微塑料是一类新污染物，其在环境中的分布、迁移和转化已经逐渐明晰。然而，对于微塑料在市政环境工程系统中的运移和转化，目前的研究仍较为有限。由于市政环境工程系统与人类的生活生产密切相关，微塑料在其中的行为可能会对人类生活生产产生意想不到的影响。深入研究微塑料在市政环境工程系统中的各种迁移转化、去除效果、行为变化，对于更完整地了解微塑料对环境和人类的影响，具有重要的意义。这是本书的出发点所在。

参考文献

［1］ OECD. Global Plastics Outlook：Economic Drivers，Environmental Impacts and Policy Options［C］. 2022.

［2］ THOMPSON R C, MOORE C J, VOM SAAL F S, et al. Plastics, the environment and human health：current consensus and future trends［J］. Philosophical transactions of the royal society b-biological sciences, 2009, 364（1526）：2153－2166.

［3］ HORTON A A, WALTON A, SPURGEON D J, et al. Microplastics in freshwater and terrestrial environments：evaluating the current understanding to identify the knowledge gaps and future research priorities［J］. Science of the total environment, 2017, 586（1）：127－141.

［4］ KARLSSON T M, ARNEBORG L, BROSTRÖM G, et al. The unaccountability case of plastic pellet pollution［J］. Marine pollution bulletin, 2018, 129（1）：52－60.

［5］ NAPPER I E, BAKIR A, ROWLAND S J, et al. Characterisation, quantity and sorptive properties of microplastics extracted from cosmetics［J］. Marine pollution bulletin, 2015, 99（1－2）：178－185.

［6］ COLE M, LINDEQUE P, HALSBAND C, et al. Microplastics as contaminants in the marine environment：a review［J］. Marine pollution bulletin, 2011, 62（12）：2588－2597.

［7］ WALDSCHLÄGER K, LECHTHALER S, STAUCH G, et al. The way of microplastic through the environment-application of the source-pathway-receptor model（review）［J］. Science of the total environment, 2020, 713：1－20.

［8］ KARBALAEI S, GOLIESKARDI A, WATT D U, et al. Analysis and inorganic composition of microplastics in commercial Malaysian fish meals ［J］. Marine pollution bulletin, 2020, 150: 1 – 7.

［9］ NAPPER I E, THOMPSON R C. Release of synthetic microplastic plastic fibres from domestic washing machines: effects of fabric type and washing conditions ［J］. Marine pollution bulletin, 2016, 112 (1 – 2): 39 – 45.

［10］ WANG W F, GE J, YU X Y. Bioavailability and toxicity of microplastics to fish species: a review ［J］. Ecotoxicology and environmental safety, 2020, 189: 1 – 10.

［11］ NELMS S E, GALLOWAY T S, GODLEY B J, et al. Investigating microplastic trophic transfer in marine top predators ［J］. Environmental pollution, 2018, 238: 999 – 1007.

［12］ COMPA M, VENTERO A, IGLESIAS M, et al. Ingestion of microplastics and natural fibres in Sardina pilchardus (Walbaum, 1792) and Engraulis encrasicolus (Linnaeus, 1758) along the Spanish Mediterranean coast ［J］. Marine pollution bulletin, 2018, 128: 89 – 96.

［13］ TIEN C J, WANG Z X, CHEN C S. Microplastics in water, sediment and fish from the Fengshan River system: relationship to aquatic factors and accumulation of polycyclic aromatic hydrocarbons by fish ［J］. Environmental pollution, 2020, 265: 1 – 11.

［14］ JAMES K, VASANT K, PADUA S, et al. An assessment of microplastics in the ecosystem and selected commercially important fishes off Kochi, south eastern Arabian Sea, India ［J］. Marine pollution bulletin, 2020, 154: 1 – 12.

［15］ AKHBARIZADEH R, MOORE F, KESHAVARZI B. Investigating microplastics bioaccumulation and biomagnification in seafood from the Persian Gulf: a threat to human health? ［J］. Food additives and contaminants: part A, 2019, 36 (11): 1696 – 1708.

［16］ ZHANG N, LI Y B, HE H R, et al. You are what you eat: microplastics in the feces of young men living in Beijing ［J］. Science of the total environment, 2021, 767: 1 – 7.

［17］ ABBASI S, SOLTANI N, KESHAVARZI B, et al. Microplastics in different tissues of fish and prawn from the Musa Estuary, Persian Gulf ［J］.

Chemosphere, 2018, 205: 80 – 87.

[18] ZHU X T, QIANG L Y, SHI H H, et al. Bioaccumulation of microplastics and its in vivo interactions with trace metals in edible oysters [J]. Marine pollution bulletin, 2020, 154: 1 – 8.

[19] GOSWAMI P, VINITHKUMAR N V, DHARANI G. First evidence of microplastics bioaccumulation by marine organisms in the Port Blair Bay, Andaman Islands [J]. Marine pollution bulletin, 2020, 155: 1 – 12.

[20] AMIN R M, SOHAIMI E S, ANUAR S T, et al. Microplastic ingestion by zooplankton in Terengganu coastal waters, southern South China Sea [J]. Marine pollution bulletin, 2020, 150: 1 – 8.

[21] SALEY A M, SMART A C, BEZERRA M F, et al. Microplastic accumulation and biomagnification in a coastal marine reserve situated in a sparsely populated area [J]. Marine pollution bulletin, 2019, 146: 54 – 59.

[22] RAGUSA A, SVELATO A, SANTACROCE C, et al. Plasticenta: first evidence of microplastics in human placenta [J]. Environment international, 2021, 146: 1 – 8.

[23] YU Q, HU X J, YANG B, et al. Distribution, abundance and risks of microplastics in the environment [J]. Chemosphere, 2020, 249: 1 – 12.

[24] GUERRANTI C, MARTELLINI T, PERRA G, et al. Microplastics in cosmetics: environmental issues and needs for global bans [J]. Environmental toxicology and pharmacology, 2019, 68: 75 – 79.

[25] BOUWMEESTER H, HOLLMAN P C H, PETERS R J B. Potential health impact of environmentally released micro-and nanoplastics in the human food production chain: experiences from nanotoxicology [J]. Environmental science & technology, 2015, 49: 8932 – 8947.

[26] CHEN R S, AHMAD S, GAN S. Characterization of recycled thermoplastics-based nanocomposites: polymer-clay compatibility, blending procedure, processing condition, and clay content effects [J]. Composites part B, 2017, 131: 91 – 99.

[27] CARBERY M, O'CONNOR W, THAVAMANI P. Trophic transfer of microplastics and mixed contaminants in the marine food web and implications for human health [J]. Environment international, 2018, 115:

400 – 409.

［28］ DE-LA-TORRE G E. Microplastics：an emerging threat to food security and human health ［J］. Journal of food science and technology，2019，57 （5）：1601 – 1608.

［29］ WEBER A，VON RANDOW M，VOIGT A L，et al. Ingestion and toxicity of microplastics in the freshwater gastropod Lymnaea stagnalis：no microplastic-induced effects alone or in combination with copper ［J］. Chemosphere，2021，263：1 – 12.

第二章　市政环境工程概述

市政环境工程系统，是处理和处置人类社会所制造和排放的污染废弃物的工程系统的统称。常见的市政环境工程系统包括：给水处理系统、污水处理系统、污泥处理系统和固体废物处理系统。各种类型的处理系统各司其职，将人类生活和生产过程中所产生的各种形态和类型的废弃物处理到对人类和环境无害的程度，再将最终的残渣排放到环境中。由于微塑料和人类活动密切相关，因此在各种市政环境工程系统中都有检出微塑料的存在。[1] 在了解微塑料在各种市政环境工程系统中的去除和行为变化之前，我们需要先厘清这些系统的构成和特点。

第一节　给水处理系统

给水处理是指从水中去除杂质和污染物，使其适合于饮用、工业用或其他目的的处理过程，涉及各种物理、化学和生物方法，取决于污染物的性质和所需的用水质量。给水处理的基本步骤通常包括：混凝/絮凝、沉淀、过滤和消毒。根据被处理水的来源和质量，以及具体的用途，可能需要采取其他步骤，例如预氧化（杀灭微生物和降解微污染物）[2] 或反渗透（去除溶解的盐和其他污染物）[3] 等。给水处理对于维护公共健康和确保获得清洁、安全的水资源至关重要。

一、混凝/絮凝

1. 原理

混凝和絮凝在给水处理中常常一起应用，其目的为使悬浮的小颗粒（如泥土、沉淀物和有机物）聚集成更大、更容易去除的大颗粒，并在后续的步骤中去除这些颗粒。混凝是向水中添加混凝剂，以中和悬浮颗粒的电荷，使它们形成更大的团块。在给水处理中最常用的混凝剂是硫酸铝，但根据水源和所处理的特定污染物不同，也可以使用其他化学物质，如氯化铁、聚合铝氯化物或碳酸钙。[4]

絮凝是通过轻微的混合或搅拌来促使凝聚成团的颗粒聚集成更大、更明显的团块，形成絮体。絮凝可通过缓慢搅拌水、使用隔板或其他流态控制设施来实现。形成絮体之后的下一步处理是沉淀，使颗粒沉到处理槽（沉淀池）的底部，从而去除絮体。

混凝和絮凝是给水处理过程中重要的步骤，因为它们有助于从水中去除悬浮颗粒和降低水的浊度。这不仅能提高水质、减少颗粒物、提高感官指标，还有助于提高后续处理过程的效果。

2. 常用设备和设施

给水处理的混凝/絮凝会用到各种设备和仪器，包括混凝池、混合搅拌设备、絮凝池和化学计量系统。除了机械混合之外，常常在设备中采取一定的结构设计，来实现混凝/絮凝药剂的混合反应。总的来说，混凝/絮凝过程需要仔细地控制和监测，以确保从水中高效去除悬浮颗粒和杂质。

3. 混凝剂/絮凝剂

混凝剂/絮凝剂是在混凝/絮凝过程中加入水中的化学物质，以中和悬浮颗粒的电荷并促进它们聚集成更大的絮凝体为目的。常用的混凝剂/絮凝剂包括：硫酸铝、氯化铁、聚合氯化铝（PAC）、聚合氯化铝铁（PAFC）等。其中，PAC 和 PAFC 由于具有更高的混凝/絮凝效果，因此被广泛采用。[5]

二、沉淀

沉淀是给水处理的重要步骤，其目的是使混凝/絮凝所形成的絮体颗粒，通过一定的加速沉淀工艺，下沉到沉淀池底部，将其从水中分离。[6]沉淀一般通过沉淀池来实现。

沉淀池（也称为澄清池）是一种常用于给水处理的设备，用于将悬浮的固体颗粒从水中分离。沉淀池通常包括以下组成部分：①进出水管道：沉淀池具有将水输送至池内的进水管道和将处理后的水排出的出水管道。进出水管道通常位于沉淀池的两端。②隔板：隔板是沉淀池内部的垂直或水平板块，用于控制废水的流动，防止水的短路和提高悬浮固体颗粒的沉降效果。③污泥斗：污泥斗位于沉淀池底部，用于收集沉淀下来的固体颗粒（即污泥）。污泥被定期从沉淀池中清除并进行进一步处理。④刮板器：刮板器是一种沿着沉淀池底部移动并将沉淀下来的污泥收集到污泥斗中的机器。刮板器可以手动或自动操作。⑤出水堰：出水堰是一堵延伸到沉淀池中间的墙壁，用于控制沉淀池中的水位。出水堰允许处理后的水流出沉淀池，同时防止悬浮颗粒的逃逸。沉淀池可能还具有流量控制阀、泥浆泵和污泥清除系统等组成部分，以促进固体颗粒的沉降和清除。

按照结构不同，常见的沉淀池可分为：

斜板沉淀池：这种结构的沉淀池通常由斜板和沉淀池槽构成。水从槽顶进入沉淀池，然后通过斜板向下流动，悬浮颗粒会沉淀在斜板上并向下滑落到槽底。沉淀池顶部有一个溢流口，用于控制水位；沉淀池底部有一个排放口，用于排放废水。

斜管沉淀池：又称为倾板沉淀池，是一种利用一系列倾斜的板或管来增加沉淀池的有效沉降面积的沉淀池类型。这些板或管以一个角度放置，角度通常在45度至60度之间，并相距一定的距离。废水从顶部引入沉淀池，并流经倾斜的板或管。废水中的悬浮固体颗粒沉积在板或管上，并由于重力滑落到池底。当这些固体沿着板或管滑落时，它们与其他沉淀颗粒碰撞并形成更大的絮凝物，从而加速沉降。沉淀下来的固体被收集在池底并通过污泥清除系统除去。澄清后的水从顶部排出，并进一步处理或排放。斜管沉淀池常用于给水处理过程中，因为它们紧凑、占用的空间比传统的沉淀池小，并且对悬浮固体有很高的去除效率。[7]

三、过滤

过滤是给水处理中必不可少的过程。对于一些微污染水体，混凝、沉淀常被简化，但过滤仍被保留。[8]它旨在通过滤料来去除悬浮颗粒、微生物和其他无法通过沉淀或其他处理过程去除的杂质。滤料可以采用不同的材料，例如砂、砾石、活性炭或膜。当水流经过滤料时，悬浮颗粒被滤料截留和保留，而经过过滤的水则通过滤池排出。过滤的效果取决于滤料、滤速和颗粒物。[9]

过滤的基本原理包括以下几点：

滤料过滤：滤料是用于过滤水的固体颗粒材料。常见的滤料有砂、砾石和活性炭。滤料的大小和形状，以及滤床的深度，会影响过滤的效率。

滤速：滤速是水流经过滤床的速率。必须仔细控制滤速，以确保水被正确过滤。如果滤速过高，则滤器可能无法去除所有杂质。如果滤速过低，则滤池可能会发生堵塞，无法正常工作。

反冲洗：反冲洗是通过反向水流经过滤床来去除任何累积的颗粒和杂物的过程。反冲洗对于保持滤池的效果和防止堵塞是必不可少的。

以下以 V 形滤池为例介绍滤池的相关知识。V 形滤池目前已经成为给水厂的主流压力滤池，也被称为斜板滤池或角度滤池。它采用一个 V 形槽，内部填充着滤料，如石英砂、石英石或陶瓷球等。当水流通过 V 形槽时，滤料将悬浮在水中的杂质截留在槽中，使出水质量得到提高。V 形滤池的设计可使水流通过滤料的深度增加，从而提高过滤效果，并能减少介质的使用量。V 形滤池通常用于处理高浊度水或含有大量颗粒物质的水。

V 形滤池的优点包括：滤料填充密度高，过滤效率高；占地面积小，可以在狭小的空间内使用；维护保养简单等。它通常用于工业和城市给水、废水处理以及游泳池等场合。需要注意的是，V 形滤池的滤料需要定期清洗和更换，以保证其过滤效果和使用寿命。

滤池反冲洗是指在滤池中的滤料在使用一定时间后，由于滤料表面堆积了较多的悬浮物质，导致滤阻增大，影响过滤效果，此时需要对滤料进行清洗。滤池反冲洗的过程是通过反向水流来清洗滤料，将污物和杂质排出滤池。

通常，反冲洗的步骤包括以下几个：①关闭进水和排水阀门，打开反冲洗阀门，使过滤系统的一部分水流逆流通过滤料，带走表面的污物和杂质。②反冲洗水流的流速要大于过滤水流，以便将污物和杂质冲刷干净。反冲洗时间一般为 10~15 分钟。③反冲洗结束后，关闭反冲洗阀门，再打开进水阀门，使滤池重新进入过滤状态。反冲洗是滤池维护保养的重要环节，可以保证滤料的正常使用寿命和过滤效果。

四、消毒

消毒处理的原理是通过加入消毒剂来杀灭水中的细菌、病毒等微生物，确保水质安全。常用的消毒方法包括：氯消毒、紫外线消毒、臭氧消毒、二氧化氯消毒等。

1. 氯消毒

氯消毒是通过在水中添加氯化合物来杀灭细菌、病毒和其他微生物的过程。这些化合物会在水中形成次氯酸和氯离子，从而产生杀菌的作用。氯消毒是给水处理中最常见的消毒方法之一，具有以下优点和缺点。

优点：消毒效果好，氯消毒可以有效地杀灭水中的微生物，如细菌、病毒和藻类等；氯消毒剂具有较好的稳定性，在存放过程中不易分解；氯消毒剂易于制备和使用，同时利于水质的监测。

缺点：氯消毒剂会给水留下味道和气味，对一些人来说可能难以接受；氯消毒会生成有害副产物，例如卤代甲烷等，这些物质被定义为消毒副产物，已经被认为会对人类健康造成危害；氯消毒可能对某些病毒的消毒效果不佳，如诺如病毒。

2. 紫外线消毒

紫外线消毒的原理是利用紫外线照射水体，破坏细菌、病毒的 DNA 分子，使其失去繁殖能力，从而达到杀灭细菌、病毒的效果。[10]紫外线消毒的优点是不需要添加化学药剂，无二次污染，消毒效果快，适用于小水量的消毒。紫外线消毒的缺点是紫外线只能照射到经过其照射室的水体，对于照射不到的部位无消毒作用，因此需要对水的流速和水质进行严格控制，以确保消毒效果。另外，紫外线对水中的悬浮物数量和浑浊度有一定的要求，如果水中的悬浮物较多和浑浊度较高，紫外线消毒效果会受到影响。

3. 臭氧消毒

臭氧消毒的原理是利用臭氧的强氧化性杀灭细菌和病毒，并且氧化有机物质。[11]臭氧是一种强氧化剂，可以直接破坏细胞壁、细胞膜和细胞内的核酸和蛋白质，使微生物失去生活能力。臭氧消毒的优点包括高效；速度快；无毒性残留物；对水味、色、pH 值的影响小；可有效杀灭难以去除的细菌和病毒。此外，臭氧气体还可以氧化水中的铁、锰等金属离子，去除水中异味和色泽。臭氧消毒的缺点是成本较高，需要专业的设备和技术，操作复杂；臭氧气体具有一定的毒性，操作人员需要具备安全意识和操作技能。此外，由于臭氧气体本身不稳定，需要在消毒后加入二氧化碳等还原剂来消除残留的臭氧气体，否则会对人体造成危害。

4. 二氧化氯消毒

二氧化氯消毒是一种常见的水处理消毒方法，其原理是通过将二氧化氯添加到水中，从而产生一种氧化性强的化学物质来杀灭细菌和病毒。二氧化氯可以与水中的有机和无机物反应，形成次氯酸和次氯酸根离子，这些化学物质具有强烈的氧化性，能够摧毁微生物的细胞膜和细胞质，从而达到杀灭病菌的效果。二氧化氯消毒可以在较宽的 pH 范围内消毒，可以有效地杀灭各种类型的微生物，包括细菌、病毒和孢子等；在消毒过程中，二氧化氯会分解成无害的物质，不会产生像氯消毒一样的味道；二氧化氯消毒效果稳定，不受水温影响；二氧化氯的消毒副产物较少，不会对水质产生不良影响。

然而，二氧化氯是一种有毒有害物质，必须采取相应的安全措施来避免中毒；二氧化氯的制备和存储需要特殊的设备和技术，成本较高；二氧化氯的杀菌效果会受到水中有机物和无机物的影响，特别是当水中存在高浓度的氨氮时，二氧化氯的消毒效果会受到影响。这些都限制了二氧化氯消毒的应用。

第二节　污水处理系统

一、概述

污水处理是指将城市、工业、农村等生活废水和生产废水通过物理、化学和生物等处理方法进行净化，使其达到国家和地方排放标准，然后排放到自然水体中的一系列工艺过程。其主要目的是防止污水对环境造成污染，保障水源的安全，同时实现废水资源化利用。污水处理的一般过程包括预处理、初级处理、生物处理和深度处理等环节。

预处理包括格栅、沉砂池、调节池等物理处理过程，其主要目的是去除大颗粒物、砂石等杂质和平衡水质。初级处理包括沉淀池、气浮池等物理处理过程，主要去除悬浮颗粒物和有机物。生物处理利用微生物的代谢作用来去除有机物和氮、磷等营养物质，常用的处理方法包括活性污泥法、生物膜法和固定化生物法等。深度处理主要是对生物处理后的出水进行进一步处理，包括深度过滤、吸附、氧化等处理方法。污水处理的具体过程和技术应根据污水水质和排放标准确定，常见的技术包括活性污泥法、MBR 法、MBBR

法、SBR（Sequencing Batch Reactor）法、厌氧处理等。

二、基本工艺

污水处理的基本工艺包括：预处理、生化处理和深度处理，也常常被定义为一级处理、二级处理和三级处理。以上步骤可以根据不同的污水水质、排放标准和处理要求进行调整和组合，形成不同的污水处理工艺流程。

三、预处理

污水处理的预处理工艺主要包括以下几种：

筛选：利用物理方法将污水中的大颗粒物和杂物通过网格、栅栏等器具进行过滤、拦截、隔离。

沉砂：使污水经过沉砂池、砂箱等设备，利用重力原理使其中的砂、泥等颗粒物沉淀下来，去除大部分悬浮物和颗粒污染物。

调节 pH 值：通过加入化学药剂，使污水中的 pH 值达到适宜的处理要求，如酸性污水需要加入碱性药剂进行中和。

脱脂/除油：通过加入化学药剂或利用重力沉淀原理将污水中的油脂等有机物去除。

四、活性污泥法

活性污泥法是一种常用的生物处理污水的方法。它是在搅拌好氧条件下，将含有有机废物的污水与具有高浓度的微生物群体的混合物接触，以使微生物利用有机废物进行代谢分解，并转化为水、二氧化碳和新的微生物细胞等物质的过程。

活性污泥法的工艺流程主要包括进流污水、初级沉淀池、好氧生物反应器、次级沉淀池、滤池和消毒等步骤。进流污水首先进入初级沉淀池，通过沉淀作用去除较大的杂质和固体颗粒；随后进入好氧生物反应器，在有氧条件下微生物利用有机物质进行生长和代谢；接着进入次级沉淀池，沉淀出好氧生物反应器中未完全降解的物质和生物体；最后经过滤池和消毒后出水，即可达到排放标准。

活性污泥法具有处理效果好、处理工艺简单、运行成本低等优点，被广泛应用于城市污水处理、工业废水处理、农村生活污水处理等领域。

1. AAO （Anaerobic-Anoxic-Oxic） 工艺

AAO 工艺是一种先进的活性污泥工艺，可以同时实现有机物和氮磷的去除。AAO 工艺将处理过程分为三个区域，分别是厌氧区（Anaerobic）、缺氧区（Anoxic）和好氧区（Oxic）。废水首先进入厌氧区，这里有一些特定的微生物可以将废水中的有机物分解成乙酸、丙酸等较小的有机物质，同时放出少量氨氮。接下来废水进入缺氧区，这里有一些特定的微生物可以将氨氮氧化成亚硝酸盐，然后再进一步氧化成硝酸盐。最后废水进入好氧区，在这里细菌可以利用氧气将有机物质和硝酸盐一起进行降解。AAO 工艺中，好氧区后面还会设置一个沉淀池，将处理后的污泥从水中分离出来。[12]

AAO 工艺的优点是：在去除污水中有机物质的同时，可以实现氮、磷等营养物质的去除；系统运行稳定可靠，空间占用较少；投资和运行成本较低。AAO 工艺的缺点是：对温度、pH 值等因素的适应性较弱，对废水中的抗生素和其他有害物质的去除效果有限。

2. SBR 工艺

SBR 工艺指的是序批式反应器工艺，是一种周期性操作的生物处理技术，常用于污水处理厂中。[12] SBR 是一种批处理反应器，也就是说，在一定时间内将一定量的废水投入反应器中进行处理。经过周期性操作，该反应器在 24 小时内循环进行进水、曝气、沉淀、排水等不同的操作。相比于其他处理工艺需要多个反应器组合，SBR 工艺仅需要一个反应器即可完成整个处理过程。SBR 工艺具有很强的灵活性，能够适应水质和处理量的变化；处理效果好，对有机物、氮、磷等有较好的去除效果，同时还具有一定去除微污染物的能力；其操作和管理相对简单，不需要专门的技术人员进行操作和维护。

3. CASS 工艺

CASS（完全自动智能连续流动沉淀池系统）工艺是一种先进的污水处理技术，属于沉淀法处理工艺的一种，它结合了传统的 AAO 工艺和 SBR 工艺的优点。CASS 工艺采用了高效的沉淀技术，能够有效去除 COD、BOD、SS 等有机物和悬浮物质。相较于传统的二沉池工艺，CASS 工艺的处理效果相同，占地面积仅为其 1/3 左右，能够节约很多占地面积。CASS 工艺采用自动控制系统，可以实现自动化运行，减少人力投入和运行成本。CASS 工艺具有一定的缓冲作用，能够适应水质变化范围大的情况，同时能够提高抗冲击负荷的能力，处理稳定性强。

4. 氧化沟工艺

氧化沟是一种采用曝气和混合技术处理污水的生物反应器。氧化沟工艺是一种接近自然的处理方式，污水在氧化沟中流动，水体与空气接触，同时微生物在水中活动，完成有机物质的降解，这与自然界中河流等水体的处理方式类似。由于氧化沟内微生物的降解作用，以及曝气和混合技术的作用，该工艺可以有效地将有机物和营养物质去除，使出水符合国家标准的排放要求。氧化沟采用曝气和混合技术，没有机械运转部件，不需要大量电力驱动，因此运行和维护成本相对较低。氧化沟工艺对污水的适应性强，可适用于不同类型的污水处理，包括低浓度有机废水，中、高浓度有机废水和含氮、磷污水等。

五、生物膜法

污水处理中的生物膜法是一种利用生物膜在水体与气体间界面上的附着、吸附、生长等作用，将废水中的有机物、氮、磷等污染物降解，将废水中的有害物质转化成无害物质的一种处理技术。常见的生物膜法包括生物接触氧化池（bio-contact oxidation pond）、生物膜接触氧化池（biological membrane contact oxidation pond）、浸没式生物膜反应器（submerged biological membrane reactor）和旋转生物膜反应器（rotating biological membrane reactor）等。其中，生物接触氧化池是一种利用生物膜上的微生物将有机物转化成无机物的生物处理技术。其基本原理是将有机废水和活性污泥接触氧化，在生物膜表面附着的微生物利用有机物进行生长繁殖和代谢，同时在氧化池中通过氧气的供应，使有机物逐步转化成无机物。生物接触氧化池具有反应效率高、能耗低等优点，广泛应用于污水处理领域。

生物膜接触氧化池是在生物接触氧化池的基础上发展起来的新型生物处理技术，主要是在生物膜表面和气体间界面上增加了一层薄膜，以增加生物膜表面的生物量，提高废水的降解效率。相较于生物接触氧化池，生物膜接触氧化池具有更高的处理效率和更小的占地面积。

浸没式生物膜反应器则是一种将生物膜附着在填料上，将填料浸没在水中，使生物膜得到充分的氧气供应，并通过污水的冲洗与空气的吹送，实现对有机物质的降解的技术。

旋转生物膜反应器是一种将微生物固定在旋转的轮盘表面上，在氧化池中转动，从而利用氧气和营养物质对废水进行降解处理的技术。这种技术具有处理效果好、体积小、处理效率高等优点，被广泛应用于污水处理领域。

六、污泥处理

污泥处理是污水处理的一个重要环节，对污水处理过程中产生的剩余污泥进行处理，使其达到无害化、减量化和资源化利用的目的。[13] 污泥处理的原理包括以下几个方面：

稳定化处理：通过生化反应，将污泥中的有机物降解，使其变得稳定，达到减少气味和杀灭病菌的作用。

脱水处理：将稳定化的污泥进行脱水处理，使其含水率降低，达到减量化的效果。常用的脱水处理方法包括压滤、离心脱水、压缩脱水和烘干等。

消毒处理：消毒处理是指对处理后的污泥进行消毒，达到杀灭病菌的作用。常用的消毒方法包括紫外线消毒、高温消毒、化学消毒等。

资源化利用：污泥处理的最终目的是实现污泥资源化利用，包括污泥焚烧、厌氧消化、厌氧后处理和土壤改良等。

第三节　给水处理新技术

一、活性炭滤池

活性炭滤池是一类新型处理设备，它主要用于去除水中的有机物、余氯、异味等物质。[14] 在给水处理中，活性炭滤池通常作为深度处理工艺的一部分，可作为一种高效去除有机物的手段。同时，活性炭滤池也可用于水中有毒物质的吸附和去除。活性炭滤池除了可用于家用净水、工业给水处理外，还广泛应用于食品加工、医药制造、化工生产等领域。

活性炭滤池的优点包括：滤料种类多样，可根据不同污染物的特性选择不同种类的活性炭；滤料寿命长，可反复使用；操作维护方便简单；滤池效率高，能够有效地去除水中的有机物、异味和色度等污染物。

活性炭滤池和普通滤池技术的不同在于使用不同的滤料。普通滤池通常使用石英砂、石英石等天然矿物质为滤料，主要用于悬浮物的过滤。而活性炭滤池则使用活性炭颗粒为滤料，既可以去除水中的有机物、异味、余氯等有害物质，也可以去除少量的铁、锰等重金属离子。此外，活性炭滤池还具有较强的吸附能力，能够吸附水中的有害气体和氯代物。因此，在给水处理过程中，活性炭滤池常用于深度过滤和去除水中有害物质。

二、膜处理技术

膜处理技术是一种基于物理隔离原理的水处理技术，其基本原理是利用一定的压力差或电场作用，将水中的悬浮固体、胶体、细菌、病毒等杂质通过半透膜（或称渗透膜）隔离出来，从而实现水的净化。

膜处理技术的主要优点是可以高效地去除水中的各种污染物；对水质要求不高；不需要添加化学药剂；操作简便；净化效果稳定。然而，膜处理技术也存在一些缺陷，例如需要大量的能源和水压来推动水通过膜，造成能源和水资源浪费，而且膜的使用寿命相对较短，需要经常更换。此外，高浊度的原水容易造成膜的堵塞和破坏，增加了设备的维护成本。

根据膜孔径大小，可以将膜分为：①微滤膜（MF）：过滤精度为 0.1 ~ 10 微米；②超滤膜（UF）：过滤精度为 0.001 ~ 0.1 微米，能够有效去除微生物、胶体、蛋白质和有机物等物质；③纳滤膜（NF）：过滤精度约为 0.001 微米，能够有效去除大部分离子、有机物和微生物；④反渗透膜（RO）：过滤精度约为 0.000 1 微米，可以有效去除离子、微生物、有机物和悬浮物等物质，对水的处理效果非常优秀，可以获得高纯度水。其中，微滤膜和超滤膜主要是对水中的悬浮物和胶体进行物理隔离，纳滤膜和反渗透膜主要是对水中的无机物和溶解性有机物进行物理隔离。[15]

微滤膜、超滤膜、纳滤膜和反渗透膜在过滤级别、截留效果和应用领域上存在一定的差异。

微滤膜一般用于初级过滤，可去除悬浮物和微生物，常用于制备高纯水和食品、饮料、制药等行业的给水处理。超滤膜一般用于中级过滤，可去除高分子有机物、胶体和细菌等，常用于饮用水、工业水、纯水制备等领域。纳滤膜一般用于高级过滤，可去除水中的溶解性离子、重金属等有害物质，常用于制备高纯水、饮用水、工业用水等领域。反渗透膜可以去除水中的离子、有机物和微生物等，能够制备高品质的饮用水、高纯水和纯化水等，也常用于海水淡化和废水处理等领域。以上膜处理技术在不同领域的应用会略有差异，具体的应用需根据具体情况而定。

三、高级氧化技术

高级氧化技术是一种用氧化剂将污染物分解为无害物质的水处理方法。其基本原理是利用一些高级方法引发化学反应（如臭氧、过氧化氢、紫外线辐射等），使有机物氧化分解成小分子化合物或气体，从而达到水质净化的目的。

高级氧化技术具有以下特点：适用范围广、可控性强、二次污染少、适应性强。不同的高级氧化技术之间具有一定的差异，其反应机制和处理效果也不同，常见的高级氧化技术包括臭氧氧化、紫外光氧化、过氧化氢氧化等。这些方法都可以在高能量的作用下产生高活性的自由基，这些自由基能够与有机污染物反应并将其分解成水和二氧化碳等无害物质。[16]

臭氧氧化是一种利用臭氧分解有机化合物的方法。臭氧可以通过电晕放电、紫外线辐射或者化学反应产生。当臭氧接触到有机污染物时，它可以分解有机污染物的化学键，生成氧化产物和二氧化碳。

紫外光氧化是利用紫外光将有机化合物分解成无害物质的方法。紫外光可以分为 UV – A、UV – B 和 UV – C 三种类型。其中，UV – C 具有最强的氧化能力，但是由于其波长较短，因此穿透力较弱。[17] 在紫外光的作用下，有机污染物可以分解为简单的化合物和水等无害物质。

过氧化氢氧化是一种利用过氧化氢氧化有机化合物的方法。过氧化氢是一种无色液体，在有机污染物的存在下，会分解为氧气和水，并且会产生自由基进一步氧化有机污染物。

高级氧化技术具有反应速度快、降解效率高、对污染物的种类不敏感等优点，但是也存在一些缺点，如成本高、能耗大、处理后的水质可能存在副产物等。因此，在实际应用中需要根据不同的水质和处理目的选择合适的处理技术。

第四节　污水处理新技术

一、膜生物反应器

膜生物反应器（MBR）是一种新型的水处理技术，结合了生物反应器和膜技术。它通常由生物反应器和微孔膜组成，微孔膜位于生物反应器中，用于分离水中的污染物和微生物。MBR 的工作原理是将废水通入生物反应器，微生物在生物反应器中分解和吸收有机物，同时，膜过滤系统将污染物、悬浮物、微生物和其他杂质截留在生物反应器中，让水通过膜进行过滤和净化。相比传统的生物反应器，MBR 可以更好地去除污染物，从而净化水质。[18]

MBR 具有以下特点：通过微孔膜截留有害物质和微生物，避免了传统沉淀、过滤等工艺中可能产生的二次污染；水的处理效果好，去除率高，能够有效去除有机物、悬浮物、微生物等污染物；设备结构紧凑，占用空间小，同时可以根据处理量进行模块化设计；可以自动化控制，实现自动化生产和远程监控；维护简单，易于清洗和更换。

MBR 广泛应用于工业废水、城市污水、饮用水、农业灌溉和海水淡化等领域。它被认为是一种高效、节能、环保的水处理技术，具有广阔的应用前景。

二、高级氧化技术

高级氧化技术在给水处理和污水处理中的应用有一些区别。

在给水处理中，高级氧化技术主要用于去除难降解的有机污染物、色度、异味和臭味等问题，以提高水质。而在污水处理中，高级氧化技术主要用于去除污水中难降解的有机物和微污染物，以满足排放标准。此外，在实际应用中，由于给水处理中水的水质较高，因此对高级氧化技术的处理要求相对较低。而在污水处理中，水质较差，高级氧化技术需要更高的处理能力和更复杂的工艺来满足处理效果。

污水处理常用的高级氧化技术包括：Fenton 工艺、光催化技术、臭氧化、超声波降解、电化学氧化、等离子技术等。

1. 芬顿（Fenton）工艺

Fenton 工艺是一种高级氧化技术，通常用于处理水中的有机污染物。它是通过向水中添加过氧化氢和二价铁离子（Fe^{2+}），生成羟基自由基（·OH）来降解污染物的。[19] Fenton 工艺中的 Fe^{2+} 能够与过氧化氢反应，生成羟基自由基。这些自由基能够与水中的有机污染物反应，使它们被氧化分解。

Fenton 工艺的优点是处理速度快、效果好、效率高，并且能够处理一些传统方法无法处理的有机污染物，还可以在较宽的 pH 值范围内操作。然而，Fenton 工艺需要大量的二价铁离子和过氧化氢，处理成本较高。同时，Fenton 工艺也会产生一些次生污染物，需要采取措施进行后处理。

2. 光催化技术

光催化技术是一种高级氧化技术，基于光催化反应原理，利用光催化剂（如二氧化钛）在紫外光或可见光的作用下，通过产生电子和空穴对、激发氧分子等反应，形成高活性的羟基自由基，从而降解水中的污染物。[20] 光催化技术具有反应速度快、能耗低、无二次污染等优点，已被广泛应用于水处理、大气治理、环境修复等领域。

在光催化技术中，通常将光催化剂与待处理的水混合，然后通过辐射光（紫外光、可见光等）的作用进行反应。光催化剂的表面吸附了水中的污染物，当光子被吸收时，电子和空穴对被激发出来，形成高度反应性的自由基。这些自由基可以降解水中的污染物，使它们分解成无害的物质，如水和二氧化碳。光催化技术的应用范围非常广泛，包括水中有机物的降解、有毒物质的去除、空气净化等。此外，光催化技术还可以用于污染物的监测和分析，具有很大的潜力和发展前景。

第五节　污泥处理系统

一、污泥处理概述

污泥处理是指针对污水处理厂所产生污泥的处理过程。污泥通常由水、微生物、固体颗粒等各种污染物组成，因此，其处理方法也以去除和减量这些污染物为目标。[21]

污泥处理的具体目标包括：

（1）减少体积：通过去除污泥中多余的水分来减少其体积。通常，采用机械脱水来完成，所采用的设备包括离心机、带式压滤机或压滤机。通过减少污泥体积，可以提高污泥处理的简便程度并降低成本。

（2）稳定：污泥常含有有机物和病原体，如果处理不当，可能对环境和公众健康有害。所以，需要通过稳定处理，如厌氧消化或好氧堆肥，分解有机物，杀灭病原体，并减少异味的产生，从而提高污泥的环境安全性。

（3）养分回收：污泥可能含有养分，如氮和磷，因此其最终处置包括成为肥料或土壤改良剂。鸟粪石沉淀或热水解等技术可以从污泥中提取这些养分，以便进行有益的再利用。

（4）能源生产：污泥可以成为可再生能源的潜在来源。污泥的厌氧消化产生沼气，可用于热能和发电。沼气也可以升级为生物甲烷，注入天然气网或用作运输燃料。

二、机械脱水

机械脱水旨在从污泥中去除多余的水，以减少其体积并使其更易于处理。常见的机械脱水方法包括：

1. 离心

离心是一种广泛使用的机械脱水工艺，它依靠离心力将水与污泥分离。该过程涉及以下步骤：①进料：将污泥引入离心机快速旋转的滚筒或转鼓中，污泥沿滚筒内壁均匀分布。②沉淀：随着转鼓的旋转，离心力使污泥中的固体颗粒沉降在滚筒内壁上，形成滤饼层。同时，水被迫向外，朝向滚筒的外部。③脱水：脱水后的污泥饼通过刮刀机构从滚筒内壁上连续刮下。分离的水称为离心液，从离心机排出；离心机可以实现高水平的脱水效率，通常产生的污泥含水量在20%～30%之间。它们适用于各种污泥类型，包括活性污泥、消化污泥和工业污泥。离心机通常用于小型和大型污泥处理设施。

2. 带式压滤机脱水

带式压滤机脱水是另一种常用的机械脱水方法。它涉及使用一系列移动带将水与污泥分离。带式压滤机适用于各种污泥类型，包括城市废水污泥和工业污泥。该过程可以分为以下步骤：①调节：污泥首先通过添加聚合物或絮凝剂等化学物质来调节，以改善其脱水特性。这些化学物质有助于聚集污泥中的固体颗粒，以便泥水分离。②重力排水：经过处理的污泥均匀地散布在移动的多孔带上。当传送带移动时，重力使水通过传送带的孔隙排出，而污泥固体在传送带顶部形成一层污泥层。③压缩和剪切：通过一系列辊子或皮带对污泥层施加额外的压力，导致其进一步脱水。压缩力和剪切力有助于从污泥固体中挤出水分。④污泥清除：脱水后，污泥饼通过刮刀机构或刮刀从传送带上刮下来。分离的水称为滤液，被收集并排出。

3. 板框式压滤机脱水

板框式压滤机脱水涉及使用一系列带有滤布的滤板将水与污泥分离。它们通常用于需要对高固体含量污泥进行脱水的场景，例如机械脱水过程可有效降低污泥的水分含量，但它们可能需要额外的处理步骤才能实现所需的稳定性和养分回收。该过程包括以下步骤：①填充：污泥被泵入压滤室（压滤室通过将滤板与滤布放在一起形成）。污泥充满腔室并在滤布表面形成滤饼。②脱水：通过液压系统或机械方式对污泥施加压力。压力迫使水通过滤布，在腔室中留下脱水的污泥饼。③滤饼去除：脱水后，打开压滤机，手动或机械地将污泥饼从板上刮下来。去除的污泥饼可以进一步处理或处置。

三、生物过程

生物过程用于通过分解有机物和减少病原体来稳定污泥。生物过程主要包括厌氧消化、好氧消化和堆肥。

1. 厌氧消化

厌氧消化是在没有氧气的情况下发生的生物过程，主要依赖微生物分解污泥中的有机物并产生沼气。厌氧消化不仅可以稳定污泥，还可以减少其体积，杀灭病原体并产生可再生能源。该工艺通常用于废水处理厂、农业消化池和工业设施。该过程涉及以下步骤：①进料和混合：进料是将污泥引入封闭式反应器（通常称为消化器）。混合对于确保微生物和有机物的均匀分布至关重要。②水解：污泥中的复杂有机化合物，如蛋白质、脂质和碳水化合物，被酸性细菌水解成更简单的化合物，包括挥发性脂肪酸（VFA）。③酸生成：酸性细菌将水解化合物转化为挥发性脂肪酸，如乙酸、丙酸和丁酸，以及其他副产物，如醇和二氧化碳。④产甲烷：产甲烷细菌消耗 VFA 并将其转化为甲烷（CH_4）和二氧化碳（CO_2），产生沼气。沼气可用于供热和发电，或升级为生物甲烷以注入天然气网。

2. 好氧消化

好氧消化指的是在氧气存在的条件下采用需氧微生物降解污泥中的有机物。它通常用作厌氧消化的后处理步骤，以进一步稳定污泥并去除残留的有机化合物。该过程包括以下阶段：①曝气：将污泥与空气或氧气混合，为需氧微生物提供必要的氧气供应。②氧化：需氧微生物消耗污泥中的有机物，将其分解成更简单的化合物，如二氧化碳、水和生物质。③营养去除：在此过程中，根据处理系统的条件和要求，也可以去除多余的营养物质，如氮和磷。好氧消化可有效减少残留的有机物含量，消除异味，提高污泥的整体稳定性。它通常用于废水处理厂，可以通过各种设备来实现，例如扩展曝气系统或序批式反应器。

3. 堆肥

堆肥是一种生物过程，一般指的是在空气存在下对污泥中有机物的受控分解，能将污泥转化为稳定且可用的最终产品，例如土壤改良剂或肥料。[22]该过程通常遵循以下步骤：①预处理：对污泥进行预处理，例如脱水和与木屑或稻草等填充剂混合，以达到所需的水分含量和碳氮比（C/N）。②堆形成：将污泥和填充剂混合在一起，形成堆垛或堆，以提供足够的曝气来确保好氧微生物的氧气供应。③分解：随着时间的推移，包括细菌、真菌和放线菌在内的好氧微生物会分解污泥中的有机物。这个过程产生热量，有助于对病原体的破坏和进一步分解。④固化和成熟：堆肥定期翻转或混合，以促进均匀分解并确保适当成熟。在成熟期使堆肥稳定并达到所需的质量参数。

四、热处理

热处理工艺利用热量来处理污泥。常见的热处理包括：①焚烧：采用高温燃烧处理污泥，温度通常在800℃～1 000℃之间，其功能主要为减少体积并降解有机物。焚烧会产生灰烬和烟气，需要进一步处理以符合环境要求。②热解：在缺氧条件下加热污泥以产生生物炭、石油和天然气。热解是将污泥转化为有价值的产品（如生物燃料或土壤改良剂）的有效方法。③热水解：污泥在水存在下经受高温高压，实现有机物的分解。热水解能提高厌氧微生物消化的效率，增加沼气产量和杀灭病原体。

五、化学工艺

化学工艺指的是在污泥中添加化学药剂，实现增强脱水、稳定污染物或促进养分回收的作用。化学调节通过改善固液分离和降低脱水污泥的水分含量来提高污泥的脱水性。它通常与机械脱水结合使用，以实现更高的脱水效率。一些常用的化学工艺有化学调节、磷回收和碱性稳定。[23]

1. 化学调节

化学调节涉及在污泥中添加化学品，通常是聚合物或絮凝剂，以改善其脱水特性。该过程包括以下步骤：①混凝和絮凝：将混凝剂或絮凝剂添加到污泥中，从而破坏颗粒的悬浮稳定性，形成更大的聚集体或絮凝体。②絮凝形成：不稳定的颗粒聚集成较大的絮凝体，更容易沉降并促进水分离。③脱水：将经过处理的污泥进行机械脱水的过程，例如离心、带式压滤机或压滤机脱水，从而有效地从污泥中去除水分。

2. 磷回收

磷是污泥所含的营养素，通过化学工艺将其回收，有助于最大限度地减少对环境的影响，并创造宝贵的资源。磷回收的一种常用方法是鸟粪石沉淀，它有助于减少人们对磷矿的依赖，并减轻水体中的磷污染。该过程涉及以下步骤：①添加沉淀化学品：在污泥中加入镁（通常以氯化镁或氧化镁的形式添加）或铵（以氯化铵或硫酸铵的形式添加）。这些化学物质的添加促进了鸟粪石（磷酸铵镁）晶体的形成。②晶体形成：添加的化学物质和污泥之间的化学反应导致鸟粪石晶体的形成。这些晶体通常是针状的，便于收集和保存。③分离和收集：鸟粪石晶体通过沉淀或过滤从污泥中分离出来。分离后，晶体可以洗涤、干燥并用作缓释磷肥，或回收用于其他应用。

3. 碱性稳定

碱性稳定是在污泥中添加碱性物质，例如石灰（氢氧化钙）或氢氧化钠，以提高其 pH 值并稳定污染物。碱性稳定能高效地减少气味、病原体风险和重金属浸出，有效减少污泥对环境的潜在影响。它通常与其他处理工艺结合使用，以达到所需的稳定效果。该过程包括以下步骤：①碱性添加：以受控方式将石灰或其他碱性物质添加到污泥中以提高其 pH 值，其目标 pH 值范围通常在 11~12。②污染物稳定：升高的 pH 值条件和与碱性物质的化学反应有助于稳定污泥中的污染物。高 pH 值条件可以使病原体失活,减少引起异味的化合物,并使重金属固定。③混合和老化:将污泥充分混合,以确保污泥与添加的碱性物质充分接触,可能包含一个老化过程,以便有足够的时间发生稳定反应。

以上化学工艺在污泥处理中发挥着至关重要的作用,根据污泥管理系统的具体需求和目标,为脱水、污染物稳定和养分回收提供解决方案。

第六节　固体废物处理系统

固体废物处理包括固体废物的管理和处理,以尽量减少固体废物对环境的影响并促进可持续的废物管理实践为目的,以下为固体废物处理中使用的几种关键方法和技术。

一、填埋

填埋是最常见的固体废物处理方法之一,特别是对于非危险废物。一般在垃圾填埋场处理废物,在那里,废物被压实并分层放置,每层垃圾由土壤或其他材料组成的保护覆盖物覆盖。垃圾填埋场设有衬里和渗滤液收集系统,以防止地下水污染。垃圾填埋场有机废物分解产生的甲烷气体可以用于发电。

1. 垃圾填埋场选址

垃圾填埋场的选址对于控制废物和防止环境污染至关重要。选址时考虑的因素包括与废物产生源的距离、水文地质、土壤条件、地下水深度、与敏感受体(如水体或住宅区)的距离以及当地法规等。充足的缓冲区、衬里和渗滤液收集系统是垃圾填埋场设计的重要组成部分。

2. 废物放置和压实

在垃圾填埋场中,废物被放置在"升降机"层中并被压实。每层"升降机"都使用压实机或推土机等重型机械进行压实,以减少体积并增加废物密度。压实过程有助于优化垃圾填埋场容量并最大限度地减少沉降的可能性。

3. 衬里和渗滤液收集系统

为了防止地下水和周围土壤的污染,垃圾填埋场通常设有不透水的屏障。衬里通常由高密度聚乙烯或黏土制成,在废物和底层环境之间形成屏障。此外，渗滤液收集系统安装在废物层下方，以捕获和去除渗入废物的液体（渗滤液）。渗滤液收集系统通常由管道网络和渗滤液收集池或处理设施组成。

4. 垃圾填埋废气管理

当废物在垃圾填埋场分解时，它会产生垃圾填埋气体，主要由甲烷和二氧化碳组成。为了减轻对环境的影响并利用垃圾填埋气体的能源潜力，实施了垃圾填埋废气管理系统。这个系统在整个垃圾填埋场收集气体，收集的气体可以燃烧，以减少温室气体排放，或通过燃烧用于能源生产或作为发电厂的燃料来源。

5. 垃圾填埋场覆盖和关闭

一旦垃圾填埋场达到其容量或不再接受废物，它就会关闭，包括在废物上放置最后的覆盖层，以尽量减少水渗透，控制气味并阻止害虫的迁移。最终覆盖物通常包括土壤、土工膜和植被。适当的垃圾填埋场关闭程序有助于确保长期的环境保护和场地恢复。

6. 垃圾填埋场监测和维护

活跃和封闭的垃圾填埋场需要定时监控和维护，以确保符合环境法规并防止潜在问题。监测包括定期检查气体收集系统、渗滤液收集系统、地下水质量、地表水径流和垃圾填埋场稳定性。维护可能包括修理损坏的衬里、升级气体收集基础设施以及解决侵蚀或渗滤液控制问题。

填埋虽然是一种常用的方法，但也存在一些挑战。这些挑战包括潜在的地下水污染、垃圾填埋气体的产生、长期管理和维护要求以及土地使用限制。为了解决这些问题，废物管理实践越来越关注减少废物体量、增加回收利用替代处理方法，如将废物转化为能源技术或垃圾填埋场采矿，以从垃圾填埋场回收宝贵的资源。

二、焚烧

焚烧是一种受控燃烧固体废物的热处理过程，它能极度减少废物体积，并将其转化为灰烬、气体和热量。焚烧可以与能源回收系统相结合，例如，垃圾焚烧发电工厂利用垃圾燃烧过程中产生的热量来发电或供热。先进的焚烧技术，如气化和热解，提供了更有效、更环保的将废物转化为能源的方法。[24]

在焚烧之前，固体废物可能会经过切碎或分拣等预处理，以优化燃烧效率和废物均匀性；之后废物被送入燃烧室或熔炉，暴露在800℃～1 200℃的高温下；废物中的可燃成分，如有机材料、塑料和纸张，在氧气存在下发生热分解，释放热量并将有机材料转化为气体；燃烧过程中产生的热量可以回收并用于产生蒸汽，蒸汽可以驱动涡轮机发电或为区域供热系统提供热量。

1. 垃圾焚烧发电厂

焚烧通常在垃圾焚烧发电厂中实现，燃烧过程产生的热量能作为能源被回收。垃圾焚烧发电厂通常包括将热能转化为电能的蒸汽锅炉和涡轮发电机，其产生的电力可以供应给电网或用于其他电力消耗。

2. 先进的焚烧技术

先进的焚烧技术旨在提高废物燃烧效率并减少对环境的影响。①气化：气化是将固体废物转化为复合气体的过程，复合气体主要由一氧化碳和氢气组成，可用于能源生产或进一步精炼成有价值的产品，如化学品或生物燃料。②热解：热解涉及在没有氧气的情况下对废物进行热分解，产生固体碳、液态油和气体的混合物。这些产品可以进一步加工以进行能量回收或用作原材料。③空气/燃料共燃：在某些情况下，焚烧设施将固体废物与传统燃料（如煤或天然气）共同燃烧。共燃允许可控的燃烧过程，减少对化石燃料的依赖，并可以降低温室气体排放。

3. 环境注意事项

虽然焚烧有利于减少废物量和进行能源回收，但它也引起了不少环境问题，主要包括：

（1）排放：废物燃烧会产生二氧化碳、氮氧化物（NO_x）、二氧化硫（SO_2）和微量其他污染物等排放物。适当的空气污染处理系统和严格的排放标准对于最大限度地减少有害污染物排放到大气中是必要的。

（2）灰分管理：焚烧的副产品是灰烬，其中可能含有重金属和其他潜在危险物质。适当的灰分管理对于防止污染物释放到环境中至关重要。灰烬可以在受控设施中进行处理、稳定和处置，或进一步加工以进行金属回收。

4. 优势和挑战

焚烧在固体废物处理中的优势包括：

（1）减少废物量：焚烧大大减少了废物量，减少了对垃圾填埋场空间的需求。

（2）能源回收：焚烧可以发电和供热，有助于生产可再生能源并减少对化石燃料的依赖。

（3）可燃废物处理：焚烧允许处置可燃废物，包括不可回收的塑料、危险废物和医疗废物。

与焚烧相关的挑战包括：

（1）建设成本和运营成本：焚烧设施需要较高的建设投资和持续的运营费用。

（2）公众认知和接受：由于担心排放、空气质量和潜在的健康风险，焚烧可能会面临社区的反对。

三、回收

回收是固体废物处理的关键组成部分，旨在从废物中回收和再利用有价值的材料。它涉及纸张、塑料、玻璃和金属等可回收材料的收集、分类和加工。垃圾回收能节约自然资源，减少能源消耗，并最大限度地减少对垃圾填埋场空间的需求。回收工艺因材料而异，包括切碎、熔化和再加工以生产新产品。

1. 收集和分类

回收的第一步是收集可回收材料，可以通过社区收集、投递中心或公共场所的回收箱来完成。高效的收集系统应该鼓励居民和企业将可回收材料与一般垃圾分开。

收集后，对可回收材料进行分类，通过回收设施的手动分拣或传送带、光学扫描仪和磁铁等自动分拣技术来完成。分拣过程对不同类型的材料（如纸张、塑料、玻璃和金属）按成分进行分类，以便进一步加工。

2. 材料加工

分类后，对可回收材料进行处理，为重复使用做准备，涉及的技术包括：

（1）粉碎：将纸张、纸板和塑料等材料切碎或粉碎，以将其分解成更小的碎片，使它们更易于处理和加工。

（2）清洗：对某些材料（如塑料瓶或玻璃容器）进行清洗和清洁，以去除污垢、标签或残留物等污染物。

（3）重塑：将金属和塑料熔化并重塑成新产品。例如，铝罐可以熔化并形成新罐，塑料瓶可以熔化并用于制造新的塑料产品。

3．再生产品的制造

可回收材料被用作制造新产品。[25]具体的制造工艺取决于可回收材料的类型。

（1）纸和纸板：再生纸和纸板可用于生产新的纸制品，如包装材料、报纸或薄纸。回收过程包括脱墨、制浆和造纸。

（2）塑料：再生塑料可以加工成颗粒或薄片，用于生产各种塑料产品，如瓶子、容器、塑料木材或服装纤维等。塑料回收方法包括：机械回收，将塑料熔化和重整；化学回收，将塑料分解成其化学成分以进行进一步加工。

（3）玻璃：再生玻璃，称为碎玻璃，可以熔化并用于制造新的玻璃产品，如瓶子、罐子或玻璃纤维绝缘材料。玻璃回收涉及玻璃的破碎、清洁和熔化。

（4）金属：铝、钢和铜等金属可以熔化并用于生产新的金属产品。回收金属减少了对采矿原材料的需求，并节省了能源。金属回收涉及分类、切碎、熔化和精炼过程。

4．回收的优点

回收具有一定的环境和经济效益。

（1）资源保护：回收减少了提取和加工原材料的需求，保护了森林、矿物等自然资源。

（2）节能：与使用原始材料生产商品相比，回收通常需要更少的能源。例如，回收铝只需要从铝土矿生产铝所需能源的 5% 左右。

（3）减少废物：回收将材料从垃圾填埋场转移，减少废物量并最大限度地减少环境污染。

（4）减少温室气体排放：回收有助于减少与原始材料制成的产品的提取、制造和处置相关的温室气体排放。

5．回收面临的挑战

回收面临的挑战包括：

（1）污染：可回收材料被食物垃圾或其他污染物污染会降低回收材料的质量和价值。公众教育、先进的分类系统和适当的标签有助于减轻污染。

（2）市场需求和基础设施：回收的成功取决于市场对可回收材料的需求和回收基础设施的可用性。回收基础设施与市场的强劲需求和投资对于创建可持续的回收行业至关重要。

（3）成本：回收会产生与收集、分类、处理和运输相关的成本。平衡回收的成本和收益需要仔细的规划和评估。

（4）生产者责任延伸（EPR）：生产者责任延伸政策将管理废物的责任转移给产品生产者。实施 EPR 可以激励回收并支持高效回收系统的发展。

（5）回收技术：需要不断改进回收技术，以提高效率，扩大可回收材料的范围，并处理多层包装或电子废物等复杂材料。

6. 减少废物和再利用的重要性

虽然回收在废物管理中起着至关重要的作用，但优先考虑减少废物和再利用策略非常重要。通过最大限度地减少废物产生和促进再利用，可以进一步减少对整体环境的影响。这包括减少包装浪费，推广耐用和可修复的产品，并鼓励循环经济方法，如材料和产品的设计可用于再利用和回收。

总之，回收利用通过回收有价值的材料和减少废物对环境的影响，在固体废物处理中发挥着重要作用。它需要高效的收集系统、有效的分类和处理方法、对可回收材料的强劲市场需求以及持续的技术进步。通过采用回收利用可以减少废物和再利用，固体废物管理可以使用更可持续和循环的方法。

参考文献

［1］NAPPER I E, THOMPSON R C. Release of synthetic microplastic plastic fibres from domestic washing machines：effects of fabric type and washing conditions ［J］. Marine pollution bulletin, 2016, 112 (1 −2)：39 −45.

［2］QI J, MA B, MIAO S, et al. Pre-oxidation enhanced cyanobacteria removal in drinking water treatment：a review ［J］. Journal of environmental sciences, 2021, 110：160 −168.

［3］OTHMAN N H, ALIAS N H, FUZIL N S, et al. A review on the use of membrane technology systems in developing countries ［J］. Membranes, 2022, 12 (1)：1 −37.

［4］SILLANPÄÄ M, NCIBI M C, MATILAINEN A, et al. Removal of natural organic matter in drinking water treatment by coagulation：a comprehensive review ［J］. Chemosphere, 2018, 190：54 −71.

［5］CUI H M, HUANG X, YU Z C, et al. Application progress of enhanced coagulation in water treatment [J]. RSC advances, 2020, 10 (34): 20231 – 20244.

[6] ZHANG Y, ZHAO X H, ZHANG X B, et al. A review of different drinking water treatments for natural organic matter removal [J]. Water science and technology-water supply, 2015, 15 (3): 442 – 455.

[7] MATILAINEN A, VEPSALAINEN M, SILLANPAA M. Natural organic matter removal by coagulation during drinking water treatment: a review [J]. Advances in colloid and interface science, 2010, 159 (2): 189 – 197.

[8] CESCON A, JIANG J-Q. Filtration process and alternative filter media material in water treatment [J]. Water, 2020, 12 (12): 1 – 20.

[9] XUE J K, SAMAEI S H-A, CHEN J F, et al. What have we known so far about microplastics in drinking water treatment? a timely review [J]. Frontiers of environmental science & engineering, 2022, 16 (5): 1 – 18.

[10] KANG S J, ALLBAUGH T A, REYNHOUT J W, et al. Selection of an ultraviolet disinfection system for a municipal wastewater treatment plant [J]. Water science and technology, 2004, 50 (7): 163 – 169.

[11] JOSEPH C G, FARM Y Y, TAUFIQ-YAP Y H, et al. Ozonation treatment processes for the remediation of detergent wastewater: a comprehensive review [J]. Journal of environmental chemical engineering, 2021, 9 (5): 1 – 24.

[12] JIN L Y, ZHANG G M, TIAN H F. Current state of sewage treatment in China [J]. Water research, 2014, 66: 85 – 98.

[13] ZHANG Z Q, CHEN Y G. Effects of microplastics on wastewater and sewage sludge treatment and their removal: a review [J]. Chemical engineering journal, 2020, 382 (1): 1 – 16.

[14] BHATNAGAR A, HOGLAND W, MARQUES M, et al. An overview of the modification methods of activated carbon for its water treatment applications [J]. Chemical engineering journal, 2013, 219: 499 – 511.

[15] EZUGBE E O, RATHILAL S. Membrane technologies in wastewater treatment: a review [J]. Membranes, 2020, 10 (5): 1 – 28.

[16] COHA M, FARINELLI G, TIRAFERRI A, et al. Advanced oxidation processes in the removal of organic substances from produced water:

potential, configurations, and research needs [J]. Chemical engineering journal, 2021, 414: 1 – 26.

[17] IKEHATA K, EL-DIN M G. Aqueous pesticide degradation by ozonation and ozone-based advanced oxidation processes: a review (part II) [J]. Ozone: science & engineering, 2005, 27 (2): 173 – 201.

[18] RAHMAN T U, ROY H, ISLAM M R, et al. The advancement in membrane bioreactor (MBR) technology toward sustainable industrial wastewater management [J]. Membranes, 2023, 13 (2): 1 – 28.

[19] JAIN B, SINGH A K, KIM H, et al. Treatment of organic pollutants by homogeneous and heterogeneous Fenton reaction processes [J]. Environmental chemistry letters, 2018, 16 (3): 947 – 967.

[20] LIN L, JIANG W, CHEN L, et al. Treatment of produced water with photocatalysis: recent advances, affecting factors and future research prospects [J]. Catalysts, 2020, 10 (8): 1 – 18.

[21] NOWAK O, KUEHN V, ZESSNER M. Sludge management of small water and wastewater treatment plants [J]. Water science and technology, 2003, 48 (11 – 12): 33 – 41.

[22] ROY D, AZAIS A, BENKARAACHE S, et al. Composting leachate: characterization, treatment, and future perspectives [J]. Reviews in environmental science and bio-technology, 2018, 17 (2): 323 – 349.

[23] LIU Y. Chemically reduced excess sludge production in the activated sludge process [J]. Chemosphere, 2003, 50 (1): 1 – 7.

[24] SCHNELL M, HORST T, QUICKER P. Thermal treatment of sewage sludge in Germany: a review [J]. Journal of environmental management, 2020, 263: 1 – 16.

[25] DAMAYANTI D, SAPUTRI D R, MARPAUNG D S S, et al. Current prospects for plastic waste treatment [J]. Polymers, 2022, 14 (15): 1 – 29.

第三章　给水处理厂中的微塑料污染及其去除

给水处理厂作为重要的市政工程设施，为人们提供干净、安全、稳定的饮用水，是城镇公共服务的重要组成部分。给水处理厂的原水一般来自城市河流上游，或者水质优良的江河、湖泊和水库。然而，作为给水处理厂水源的各类淡水水体，均受到微塑料的污染。目前的常规给水处理工艺并不能完全去除原水中的微塑料，这意味着人们每天所使用的自来水中仍含有一定数量的微塑料，这成为饮用水供水安全的隐患。从源头对微塑料进行控制，或者研发针对微塑料的给水处理方法，成为目前亟须解决的难题。

第一节　给水处理厂原水的微塑料污染

给水处理厂原水一般包括江河水、湖泊水和水库水。个别地区采用海水作为原水，由于海水淡化的成本较高，因此首选水源仍为各类淡水水体。这些淡水水体受到人类活动的影响，塑料制品在人类的生活中无处不在，导致白色污染盛行。人类生活所生成的塑料垃圾由于暴露在自然环境当中，遭受长时间的太阳光照，会发生老化和降解，从而生成塑料碎片和微塑料。这些微塑料经过运移进入地表淡水水源，导致给水原水受到微塑料的污染。此外，由于塑料的低密度特性，直径小于 0.2 μm 的微塑料颗粒甚至会飘浮在空气中，道路灰尘和工业排放也被认为是城市空气中微塑料的重要来源。因此，大气沉降和空气传播也是人类生活和工业生产对水生环境微塑料污染的潜在源头。

大部分微塑料是人类的陆地活动产生的。进入饮用水水源的微塑料包括初级微塑料和次级微塑料。首先，人们将塑料垃圾倾倒在河岸和湖泊岸边，并且有大量废弃的塑料袋、饮用水瓶和一次性餐盒等被直接丢弃在水体环境中，这造成了严重的塑料污染。其次，人们的生产生活废水（洗涤废水和沐浴废水）含有大量微塑料，在各种处理之后，其残留的微塑料污染随同尾水排放到江河湖泊中。最后，环境塑料固体废弃物的老化和降解，也会产生微塑料然后进入地下水；雨水冲刷，也会带动塑料制品（例如轮胎、道路标记、海洋涂料、个人护理产品、清洁剂、喷砂）的磨损产物进入地下水和地表水环境，从而对饮用水水源造成污染。

经济合作与发展组织 2022 年 2 月的一份报告显示，2000 年至 2019 年的全球塑料垃圾产量逐年增长，仅 2019 年就有 2 200 万吨塑料被释放到环境中，其中 600 万吨流入河流、湖泊和海洋。研究发现，次级微塑料对于地表水的污染贡献明显超过初级微塑料。次级微塑料是大型塑料废弃物通过物理、化学和生物过程分裂、体积缩小而形成的塑料颗粒，而次级微塑料又会产生纳米级塑料，由于纳米级塑料的大小与浮游动物（如磷虾）的食物——浮游植物相似，这代表它们有着进入食物链的潜在危险。微型动物对纳米级塑料粒子的内吞作用也会导致不利的毒性终点，并且纳米级塑料较高的表面积与体积比将增加表面相互作用，从而增加与持久性有机污染物结合的可能性。许多报告都将次级微塑料以及纳米级塑料作为废物回收管理计划所能削减的主要微塑料排放源。

进入到地表水环境中的微塑料没有完全被自然水体净化或者截留时，就会伴随原水进入给水厂处理系统。传统的饮用水处理仅能去除大于 50 μm 的颗粒，去除率在 25% ~ 90%。[1] 因此，仍有一部分微塑料穿透整个给水处理过程，最终进入我们的饮用水供水，从而被人体摄入，这对人类健康产生潜在的威胁。

第二节　给水处理对微塑料的去除

给水处理厂的常规处理工艺流程包括混凝、沉淀、过滤和消毒。这些过程的基本原理包括物理法、化学法和其他方法。与污水处理不同，传统的给水处理方法很少使用生物方法，因为给水原水一般为寡营养水体，与污水原水相比，含有较少的 N、P 以及 BOD 等可生物用成分。因此，针对微塑料，给水常规处理工艺一般为通过物理和化学过程来对其进行去除。截至 2022 年，全球已经发表了数十篇关于给水厂中微塑料去除效果的案例研究文章，研究地域覆盖亚洲、欧洲和北美洲。给水厂的主要处理工艺不存在显著的地域差异，基本采用传统技术，不同之处在于，一些给水厂还采用了预处理和高级处理。

给水厂原水含有一定浓度的微塑料，如果将微塑料检测尺寸降低到 1 μm 或更低，原水中的微塑料浓度可达到 10^3 个/升。[2] 而如果检测尺寸最小为 10 μm 时，就仅能检测到 10^2 个/升。[3] 在检测到微塑料的给水厂当中，大多数给水厂的微塑料去除率大于 80% [3,4]，但仍有一些研究报告指出其微塑料的总去除率范围仅为 50%~60% [2,5]，甚至有的低于 40% [6]。给水厂中微塑料的整体去除率如果没有达到 100%，就意味着微塑料能进入到自来水中，对饮用水安全造成潜在风险。给水厂对微塑料的去除效率可能受到工艺特性、操作参数、管理模式的影响。为了提高微塑料的去除效率，学者们进行了许多研究。此处将给水处理过程中去除微塑料的方法分为传统处理方法和新型处理方法。但需要引起重视的是，现有的研究还没有报道能实际应用的针对性去除微塑料的给水处理方法。

一、传统处理方法

集中式给水处理设施在现代社会发挥着提供清洁安全饮用水的重要作用。经过 100 多年的发展，其传统处理工艺已非常成熟。然而，为了满足不断增长的水质需求，仍需要进一步探索和改进给水处理技术。传统给水处理工艺包括：混凝—沉淀、过滤和消毒。

混凝—沉淀是常见的给水处理工艺，一般是通过投加化学药剂等方法，使水中的胶体粒子和微小悬浮物聚集成团，从而在后续的沉淀过程中沉淀下来。混凝—沉淀包含凝聚/絮凝和沉淀，被广泛应用于去除水中的颗粒和胶体。然而，对于微塑料而言，由于其密度接近水的密度，密度较大的微塑料可以相对容易地通过混凝—沉淀去除，而密度较小的微塑料则需要使用气浮法等更有效的方法来处理。然而，目前大多数给水厂一般只采用沉淀或气浮其中一种，因此完全去除微塑料仍是一个挑战。目前的研究结果显示，混凝—沉淀只能去除 40%~60% 的微塑料。

过滤是降低水中浊度，减少水中有机物、细菌和病毒等污染物的常用方法。在传统给水处理过程中，砂滤池是最常用的过滤构筑物和设备。各种滤池的原理相似，即通过堆叠不同粒径的滤料形成具有一定孔径的过滤层，通过物理力学的拦截作用去除大于孔隙尺寸的颗粒污染物，以获得洁净的过滤水。然而，由于微塑料的尺寸范围从 0.1 μm 到 5 mm 不等，粒径较小的微塑料仍能穿透滤料，进入滤后水中。[5]Wang 等发现，通过混凝—沉淀之后，砂滤可以去除约 44% 的剩余微塑料，去除效率在很大程度上取决于颗粒大小和形状，砂滤主要去除塑料纤维和大于 50 μm 的微塑料颗粒。[7]但相比之下，Dalmau-Soler 等报道，砂滤可实现高达 78% 的去除率，主要针对大于 500 μm 的塑料纤维或碎片，但该研究中水所含微塑料浓度比前一个研究低约 40 倍，导致结果差异较大。[8]不可否认的是，大部分的研究表明，过滤过程只能去除水中 30%～50% 的微塑料[7,9]，而剩余的微塑料主要以颗粒形式存在，这就导致了微塑料仍然存在于给水的处理过程当中，有着进入饮用水危害人类健康的潜在危险。

遗憾的是，经过常规混凝—沉淀和过滤处理之后，微塑料并没有被完全降解去除，反而是被转移到沉淀污泥和滤池的反冲洗水中。沉淀污泥中的微塑料将进入污泥处理设施，而反冲洗水通常与原水混合后重新进入给水处理设施，导致微塑料再次进入处理过程。目前，对这两个过程中微塑料的环境行为还缺乏研究。此外，混凝—沉淀和过滤对微塑料的降解和老化贡献相对较低。经过这些处理后，微塑料的特性可能变化轻微，因此它们可能会在处理流程中长时间存在而不被降解。此外，微塑料在给水处理过程中可能与混凝剂、重金属和有机物等物质吸附在一起，形成复合污染。

常规饮用水处理的最后一道工序是消毒。常用的消毒方法包括氯化消毒、臭氧消毒和紫外线消毒。氯化消毒通常是向水中加入次氯酸钠或氯气；臭氧消毒则是加入臭氧；紫外线消毒则依靠 254 nm（UV－C）高能射线对经过过滤的水进行处理。这些方法能够有效去除水中的细菌和有害病毒，但是这些消毒方法会产生一些氧化性物质，例如自由基（·OH 等），这些自由基可能会攻击微塑料中的 C－C 骨架，导致微塑料的老化和降解[10]，并且形成新的微塑料碎片，从而引入新的微塑料污染。因此，根据剂量不同，这些方法对微塑料具有一定的破坏作用。低剂量氯化消毒（CT 值为 150 mg·min/L）可能导致微塑料轻微降解，而高剂量暴露（CT 值为 25 g·d/L）则会导致大部分聚丙烯（PP）、高密度聚乙烯（HDPE）和聚苯乙烯（PS）等微塑料表面的化学降解。类似地，在高剂量 254 nm 紫外线处理后，微塑料表面观察到羟基化。臭氧氧化的高氧化能力会导致微塑料分解。Lin 等分别研究了紫外线消毒、氯化消毒和臭氧消毒对微塑料下沉行为的影响，发现 UV－C 和臭氧处理可诱导 PS 的光解和氧化，从而形成高含氧量且光滑的表面。[11]这有利于水的润湿，提高 PS 微球在不同水基质中的沉降率和速度，从而提高微塑料的去除效率。大多数已有研究集中在消毒过程中微塑料形态和化学结构的改变，然而，这些消毒方法引起微塑料产生消毒副产物的可能性仍然是未知数。Li 等的研究表明微塑料 PS 臭氧化和氯化反应 30 分钟后，臭氧化过程中 PS 塑料会受到氧气/臭氧的攻击，生成醛、酮和酸，然而，在氯化过程中，纳米级 PS 塑料被氯攻击的概率较小，醛、酮和酸的产物也较少。[12] 有研究表明，消毒对微塑料的去除没有贡献，反而会促进塑料的碎片化[7]，从而加重微塑料的污染。可能是由于方法的差异，各个研究中微塑料的去除率相差较大。此外，在长期接触余氯的情况下，供水网络中微塑料的变化尚不明确。因此，消毒对微塑料的去除和结构影响还需要进一步研究。

综上所述，常规的混凝—沉淀、过滤和消毒等饮用水处理过程并不能完全去除微塑料，反而在处理过程中转移和保留了部分微塑料（见表 3 - 1）。微塑料的环境行为、降解和老化特性及与其他物质的相互作用等方面还需要进一步的研究。对于微塑料的处理和控制，需要不断探索新的处理技术和方法，以确保提供更清洁、安全的饮用水。

表 3 - 1　常规处理工艺对微塑料的去除效率

处理方法	去除率范围	主要影响因素
混凝—沉淀	40% ~60%	微塑料密度、微塑料尺寸
过滤	30% ~50%	微塑料尺寸、滤料孔径
消毒	未确定	消毒方法、剂量、微塑料特性

二、预处理和深度处理

为了进一步提高水处理效率和出水水质，一些给水处理厂采用了特定的预处理方法和深度处理方法。预处理在给水处理中的应用非常重要，常采用的方法包括预氧化法，其中包括预氯化、臭氧化和高锰酸钾氧化等。这些预处理方法的目标是提高原水中有机物的去除率，并且杀灭特定的微生物，例如藻类，或者氧化降解部分有机化合物。因此，预处理一般设置在混凝—沉淀之前。

配备预处理的给水厂对微塑料的去除率普遍较高，可达 80% ~90%。这可能是因为这些预处理方法促进了微塑料的去除。此外，具有预处理的给水厂通常在过程管理和运营成本方面投资较高。最近的研究中，只有少数研究报道了预处理对微塑料去除的机理。例如，Chen 等的研究发现，经过高锰酸钾氧化预处理后，不同类型的微塑料在后续的混凝—沉淀过程中的沉降速率明显提高。[13] 这可能是因为高锰酸钾氧化过程中生成的二氧化锰增加了微塑料的密度和亲水性，使其更容易沉降。预处理方法对于提高给水中微塑料的去除率可能有重要作用，但目前对于预处理对微塑料去除的促进机制的研究还较有限，需要进一步的研究。同时，未来的研究还需关注预处理对其他污染物和微生物的去除效果，以实现更高效的给水处理过程。

给水处理的深度处理方法通常是物理法和化学法，其中包括臭氧化法、活性炭吸附法和膜处理法。臭氧技术已经日益成熟，臭氧不仅可以杀灭微生物，还能氧化水中的微量有机物，特别是嗅味物质，且其产生有毒副产物的概率较低。臭氧对微塑料去除效率的改善有限。在臭氧化过程中，微塑料的特性可能会发生变化。一些研究已经利用实验室规模的臭氧化实验来研究微塑料的降解和氧化。Tian 等发现在 189 mg/L 臭氧作用下，PS 会发生一些变化，包括塑料碎片的脱落以及羰基等氧化基团的形成。[14] 相较于小试实验，实际规模给水厂处理过程中的臭氧化可能会对微塑料产生不同的作用。Pulido-Reyes 等研究了水处理中实际臭氧浓度下（0.5~5 mg/L）微塑料的改性，没有观察到 PS 和聚丙烯腈（PAN）的明显变化。[15] 微塑料的流体动力学直径和聚集状态在 0.5~5 mg/L 臭氧作用下保持稳定。在一个深度处理给水厂中，经臭氧化的出水中的微塑料（1~5 μm）甚至增加了 2.8%~16.0%，导致负的去除率。但是，与传统处理方法相比，臭氧和颗粒活性炭过滤的组合在工业中可以将微塑料去除效率提高 17.2%~22.2%[7]。

活性炭在去除微塑料上也发挥着积极的作用。常见的活性炭包括颗粒活性炭（GAC）和粉末活性炭。用于给水处理终端深度处理的活性炭一般依赖于以颗粒活性炭为填料组成的吸附/过滤反应器。几个研究报告了使用颗粒活性炭作为深度加工方法去除给水厂中微塑料的案例。Dalmau-Soler 等发现，在西班牙给水厂，颗粒活性炭过滤有助于微塑料的去除，其效果与反渗透相似。[8] Wang 等发现一个中国给水厂的颗粒活性炭过滤能进一步去除微塑料。[7] Ross 等发现在臭氧与颗粒活性炭耦合作用下，大分子量有机物被转化为小分子物质，增强了颗粒活性炭滤池进水的生物降解能力，并能提高 17.2%~22.2% 的微塑料去除率。[16] 其他研究也报道了类似的结果。然而，颗粒活性炭过滤去除微塑料的机制还需要进一步研究。

　　膜处理技术作为一种高级处理方法被广泛采用，一般分为纳滤、微滤、超滤和反渗透。膜处理技术应用于给水厂的处理，常作为最后一道处理工序的深度处理，进一步去除更细更微小的饮用水杂质。理论上，即使是最大孔径的微滤也小于 0.1 μm，这表明它可以轻松去除微塑料。然而，由于制造标准、技术和结构缺陷，实际的膜内部仍然包含比其表观孔径大得多的孔。因此，部分微塑料仍然可以穿透膜组件进入出水中[8]，这就造成了给水出水的微塑料污染。值得注意的是，这种现象可能发生在更小的纳米塑料上。由于纳米塑料检测技术的局限性，目前还缺乏直接证据支持这一假设。然而，不可否认的是，膜处理技术在去除微塑料方面仍是较为高效的处理方法。

　　然而，膜污染和膜老化等一些问题也不容忽视。最新研究表明，微塑料加剧了膜污染的现象。此外，膜组件中微塑料的潜在释放是实际操作过程中的另一个棘手问题，例如膜清洗，可能导致膜老化降解，从而释放出新的微塑料。由于膜技术通常被设置为水处理的最终屏障，因此应注意膜组件意外释放微塑料的潜在风险。通过对膜处理技术进行适当的改进，可以使膜技术成为有望完全消除微塑料的处理方法。

　　除了以上深度处理方法能够去除微塑料以外，人们也逐渐开始探索新的方法。电凝法逐渐成为人们关注的焦点，由于它使用电化学反应来诱导凝结，而不是投加化学物质或借助微生物，因此更具成本效益。在电化学反应过程中会产生 Fe^{3+} 或 Al^{3+} 的氢氧化物，它们与污染物颗粒碰撞后会形成微絮凝物。电凝对微塑料的去除效率甚至达到 90%[17]，其确切的机理尚未清楚，但可被认为是一种去除微塑料的新方法。

　　高级氧化法（AOPs）也逐渐被发现对微塑料具有一定的去除效率。一方面，Liu 等研究了芬顿氧化处理过程中的四个周期（每个周期持续 5 小时）中尼龙（PA）和 PS 微塑料的老化和降解。[18]在他们的实验条件下（pH = 3，30% H_2O_2 和 0.2 mol Fe^{2+}），尼龙的质量损失为 25%，PS 为 22%。气相色谱—质谱（GC - MS）和表面加强拉曼散射（SERS）分析表明了有降解中间产物的形成，如低分子量烷烃，且微塑料表面上新出现氧化官能团，例如醇、醛和羧酸等基团。另一方面，应用传统芬顿工艺降解微塑料释放到环境中的有机颜料被证实是一种有效的过程。Luo 等发现存在于 HDPE 微塑料中的红色颜料可以通过常规芬顿反应来去除，其在 pH = 3，[Fe^{2+}] = 1 mM，[H_2O_2] = 10 mM 的条件下，总反应时间在 360 分钟内能降解约 90%，该颜料的降解速率大于其浸出到水性介质中的速率。[19]

如表 3 - 2 所示，预处理方法和深度处理方法对微塑料的去除效率存在不确定性，与其运行条件的要求有关，但不可否认的是，多种预处理方法和深度处理方法具有去除水中微塑料污染的潜力。预处理方法如预氧化法可以提高原水中有机物的去除率和微塑料的沉降速率。深度处理方法如臭氧化法、活性炭吸附法和膜处理法也可以有效去除微塑料。然而，这些方法的效果仍需要进一步研究和优化，以提高微塑料的去除效率，并确保出水的水质安全。

表 3 - 2　预处理和深度处理方法去除微塑料的影响因素

方法	去除效率影响因素
高锰酸钾氧化法	原水中有机物浓度、高锰酸钾投加量和氧化反应时间
氯化法	氯化剂种类和浓度、反应时间和 pH 值
臭氧化法	臭氧浓度、臭氧接触时间、水体的温度和 pH 值
活性炭吸附法	活性炭种类和负荷量、接触时间以及水体的 pH 值
膜处理法	膜孔径大小、膜材料和膜工艺、操作压力以及水体的温度和浊度
电凝法	电极种类和电流密度、凝聚剂种类和浓度、反应时间以及水体的 pH 值
高级氧化法	氧化剂种类和浓度、反应时间、温度以及 pH 值

第三节　自来水和瓶装水中的微塑料

研究表明，给水处理系统对微塑料的去除效率仅为 25% ~ 90%[3,4,7]，这意味着有相当一部分微塑料会残留在处理出水当中，从而进入人们赖以生活的自来水中。许多研究报告都记录自来水出水中含有微塑料。Shen 等发现，中国长沙地区自来水中微塑料的浓度为 381 ± 18 MPs/L，主要类型为 PE、PET、PP 和 PVC。[4]一些研究报告称，成品水中残留的微塑料含量较低，浓度低于 10 MPs/L[3,5]。这些研究中微塑料粒径大部分情况下大于 10 μm。然而，在其他的研究当中，观察到更多的微塑料，其浓度在 10^2 ~ 10^3 MPs/L 的范围内，这可能是由于检测尺寸小于 10 μm 或更低[4,20]。这些结果表明（见表 3 - 3），预处理、筛分和检测方法的差异，尤其是粒度筛分范围的差异，会影响检测到的给水处理出水的微塑料浓度。

表 3 - 3　自来水和瓶装水中的微塑料

水样	微塑料浓度/（MPs/L）	微塑料类型	尺寸范围/μm	国家/地区	参考文献
自来水	381 ± 18	PE、PET、PP、PVC	1 ~ 10 10 ~ 50 50 ~ 100 ＞100	中国长沙	[4]
自来水	440	PE、PP、PPS、PS、PET	1 ~ 50 50 ~ 100 100 ~ 300 300 ~ 500 500 ~ 5 000	中国部分地区	[21]
自来水	105.8	—	200 ~ 1 000	巴西	[22]
自来水	2.181 ± 0.165	—	2.7 ~ 149 150 ~ 499 500 ~ 999 1 000 ~ 2 499 2 500 ~ 5 000	中国香港	[23]
自来水	0.7 ± 0.6	PET、PE、100% 聚酯、PI、PAM、PDMS、PMPS、PAA	＜100 100 ~ 500 500 ~ 1 000 1 000 ~ 5 000	中国青岛	[24]
自来水	96	PE、PVC、PET、PA、PTFE、PP、PAM	6.5 ~ 53 53 ~ 300 300 ~ 500 ≥500	泰国曼谷	[25]
自来水	39 ± 44	PE、PP、PS、SEBS、PES、PVC	19 ~ 50 50 ~ 100 ＞100	日本、美国、法国、芬兰、德国	[26]

（续上表）

水样	微塑料浓度/ （MPs/L）	微塑料类型	尺寸范围/μm	国家/地区	参考 文献
瓶装 矿泉水	可重复使用 PET 瓶： 4 889 ± 5 432 一次性使用 PET 瓶： 2 649 ± 2 857 玻璃瓶： 3 074 ± 2 531	可重复使用 PET 瓶： PET（74%） PP（10%） PE（5.4%） 一次性使用 PET 瓶： PET（78%） PP（10%） PE（0.7%） 玻璃瓶： PE（46%） PP（23%） PET（3.6%）	≤1.5 1.5～5 5～10 >10	德国	[27]
瓶装 矿泉水	8.5 ± 10.2	PET、PS、PP	1 280～ 4 200	伊朗克尔曼沙赫	[28]
瓶装 矿泉水	16	PET、PE、 PS、PA、 PP	25～50 50～100 100～300 300～500 500～1 000 1 000～5 000	中国	[29]
瓶装 矿泉水	可重复使用 PET 瓶： 118 ± 88 一次性使用 PET 瓶： 14 ± 14 玻璃瓶：50 ± 52	可重复使用 PET 瓶： PET（78%）、PP、 PES、PE、PA 一次性使用 PET 瓶： PET（57%）、PP、 PES、PE、PA 玻璃瓶：PE、PET、 PES、PA、PP	5～10 10～20 20～50 50～100 >100	德国	[30]

（续上表）

水样	微塑料浓度/（MPs/L）	微塑料类型	尺寸范围/μm	国家/地区	参考文献
瓶装水	塑料瓶：140 ± 19 玻璃瓶：52 ± 4	PET、PE、PP、PA	6.5 ~ 20 20 ~ 50 ≥50	泰国曼谷	[31]
瓶装水	325	PP、Nylon、PS、PE、PEST	6.5 ~ 100 >100	中国、美国、巴西、印度、印度尼西亚、墨西哥	[32]
瓶装水	0.99 ~ 26	PE、PS、PET、PP、PA、PU	25 ~ 500	沙特阿拉伯	[30]

自来水经过给水处理之后，需要通过给水管网的运输。在运输的过程中，管道和输配系统的内部环境和外界环境都会对微塑料污染情况产生影响。给水管网的水管可以采用多种材质，常见的塑料材质包括 PVC 和 HDPE，因其耐腐蚀、耐热性好、成本低廉等优点，广泛用于给水管道系统。Weber 等报道了供水管道磨损是德国北部一个给水供应系统中微塑料的来源。[33] 最近在中国长沙[4]、泰国曼谷[25]、瑞典[34]、挪威[35]等地自来水中微塑料的检测分析也都证实了这一推论。这些都暗示微塑料已经进入了自来水当中。值得注意的是，小粒径（小于 10 μm）微塑料产生的环境影响是不容忽视的，0.1 ~ 1 μm 的微塑料因其粒径较小而难以被完全去除，更容易被人体摄入，并对细胞和组织产生损害，对生物体的生理功能和免疫系统产生潜在影响。需要注意的是，目前对纳米塑料的了解还相对有限，相关研究仍在进行中。

此外，瓶装水当中也存在微塑料。矿泉水瓶本身通常是由塑料制成的，常见的材料包括 PET 或 PP 等。在使用和处理过程中，如果矿泉水瓶受到物理或化学因素影响，例如机械磨损、高温、紫外线照射等，可能会导致微塑料的释放。当矿泉水瓶受到物理作用（如摩擦、磨损）时，塑料瓶壁上的微小颗粒可能会脱落，并以微塑料的形式存在于水中。瓶盖的打开方式常为旋钮式盖子，其存在被磨损从而生成微塑料的可能性。此外，如果矿泉水瓶在使用过程中暴露在高温环境（如热车内）或者紫外线下，塑料瓶壁可能会发生降解和老化，从而导致微塑料释放到瓶子的水中。

瓶装水中的微塑料也是危害人们身心健康的一种可能方式。2016 年，首例在瓶装水中检测到微塑料的研究被报道，研究人员在瓶装饮料中发现了 PET 碎片[36]。之后，全球各地都陆续发现瓶装水中含有微塑料。

Samandra 等分析了澳大利亚瓶装水当中的微塑料情况，他们发现由玻璃、PET 或回收 PET 制成的 16 个瓶子当中，微塑料的平均浓度为 13 ± 19 MPs/L，其中出现概率最高的材质是 PP。[37] Mason 等分析了 9 个不同国家和地区瓶装水中微塑料的出现情况，其中 93% 的样品（共 259 瓶）发现微塑料污染，浓度从几个到几千个不等，平均浓度为 10.4 MPs/L，塑料碎片是最常见的形式（出现频率为 66%），其次是塑料纤维。[32] Oßmann 等发现，在一次性使用 PET 塑料瓶、可重复使用 PET 塑料瓶和玻璃瓶中，微塑料的浓度分别为 2 649、4 889 和 3 074 MPs/L，且大多数颗粒（90%）小于 5 μm。[27] 甚至在玻璃瓶装水中还发现了 PE、PP 和 PET，其可能的污染原因是瓶装水洗涤过程或灌装过程中所使用的其他塑料制品。此外，研究发现重复使用的 PET 瓶子比新的 PET 瓶中的水含有更多的微塑料，这可能是多次重复使用导致 PET 材料老化造成的。相反，Schymanski 等发现可回收瓶中的微塑料含量为 118 MPs/L，而在饮料纸盒和一次性塑料瓶中只检出 11 ~ 14 MPs/L 的微塑料。[30]

多个研究表明（见表 3 - 3），瓶装水所含微塑料数量存在较大的差异，这种差异可能是不同的水处理工艺和所使用的材料所导致的。需要注意的是，只要采用塑料材质作为容器的瓶装水，都有微塑料检出，这说明瓶装水塑料容器是其微塑料的重要来源。总之，微塑料对自来水和瓶装水都构成了污染威胁。目前，饮用水处理方法对微塑料去除的效果有限，而瓶装水可能成为微塑料的另一个潜在来源，这些问题需要引起人们的重视。

第四节　针对淡水水源微塑料污染的修复策略

由于塑料制品在日常生活中的广泛应用，污染物污染水环境的途径更为复杂。进一步减少饮用水中微塑料污染应重点关注以下方面：

一、源头控制

建立全面的水体监测网络，以及源头控制措施。通过定期监测淡水水体中的微塑料含量和分布情况，可以及早发现问题区域，并采取相应的治理措施。同时，重点关注塑料废弃物的排放源头，例如工业废水、农业排水和城市污水处理厂的排放，采取严格的控制和治理措施，以减少微塑料进入淡水水体的量。

目前，一些国家已经出台法律法规以减少微塑料的释放。许多国家对一次性塑料袋的使用施加了限制。例如，自2008年起，我国已在全国范围内禁止生产、销售和使用厚度小于0.025 mm的塑料购物袋。同时，在超市、商场、商贸市场实行塑料购物袋有偿使用制度。最近，在一份新闻报道中，欧盟提出了一项全欧洲塑料战略，作为向循环经济过渡的一部分。根据新计划，到2030年，欧盟市场的一次性塑料消费量将减少，所有塑料包装将实现可回收。此外，塑料微珠已被许多国家禁止用于个人护理产品，因为它们是水生环境中初级微塑料的潜在来源。这些法律法规旨在提高公众对环境微塑料潜在风险的认识，减少塑料制品的使用和塑料废弃物的排放。此外，生活洗衣废水中的纤维也是废水中微塑料的重要来源。洗衣机的洗涤方式和不同的洗涤液会直接影响微塑料的排放。因此，需要根据不同类型的衣物、洗衣机和洗涤液，找到最佳的洗涤方案。还需减少道路标记、轮胎磨损等微塑料来源，可以考虑研发和使用可降解的材料替代传统的合成橡胶，通过优化轮胎的设计，减少橡胶磨损和颗粒脱落等。

二、水体净化技术

开发和应用高效的水体净化技术，可以帮助去除水体中的微塑料。例如，利用纳滤、超滤、活性炭吸附、电凝、高级氧化等技术，可以有效地去除微塑料颗粒。此外，还可以采用生物修复技术，通过引入特定的微生物来降解微塑料污染物。

去除微塑料不能仅从给水厂着手，人们的生活洗涤废水都会经过污水处理厂处理之后再排放。尽管污水处理厂在去除水环境中的微塑料方面起着至关重要的作用，其去除效率可达到98%[38]，但出水中的微塑料颗粒浓度仍然难以忽略。这是因为污水处理厂每天的排水量均是万吨级，其排入自然水体中的微塑料总量十分庞大。进入自然水体中的微塑料，又会通过运移最终进入饮用水原水中，从而重新回到社会水循环中。开发先进的废水处理技术来减少微塑料污染，是从源头控制微塑料的有效途径。电凝是一种从废水中去除环境污染物的新技术，当 pH = 7 时，电凝去除微塑料的效率可达99.24%[17]，该技术已在实验室搅拌釜间歇式反应器中成功实施，并可大规模运用。膜生物反应器（MBR）是去除微塑料最有效的技术之一，与其他传统废水处理工艺［一级、二级（活性污泥）和三级处理（微滤）］相比，MBR的去除效率更高。Lares 等所做的一项研究表明，MBR 对微塑料的去除效率达到99.4%，出水中的微塑料浓度为 0.4 MPs/L。[38]另一项研究还报道，一个污水处理厂的初级出水中微塑料浓度为 6.9 MPs/L，但经过 MBR 处理后，浓度显著降低至 0.005 MPs/L，去除效率达到99.9%[39]。尽管 MBR 比其他处理工艺成本更高，但在污水处理厂的成功应用表明了其减少微塑料的可能性。

不仅需要在废水处理中开发去除微塑料的新技术，而且需要在饮用水处理中开发新的去除微塑料的方法。给水处理的新技术开发在本章第二节已经介绍过，此处不再赘述。

三、塑料垃圾管理和回收

加强塑料垃圾管理和回收体系，以减少塑料进入淡水水源的量。通过建立完善的垃圾分类和回收制度，加强公众对于塑料垃圾处理的认识和意识，可以有效地减少塑料垃圾对淡水水源的污染。同时，积极推动可持续替代材料的开发和使用，减少人们对塑料的依赖。

四、教育和宣传

加强公众教育和宣传，提高人们对于淡水水源微塑料污染问题的认识。通过举办宣传活动、开展科普教育，帮助公众了解微塑料污染对水源和生态系统的危害，并激发大家对于修复淡水水源的意识和行动。

五、政策法规支持

制定和实施相关的政策法规，加强对于淡水水源微塑料污染的治理。政府可以通过限制塑料制品的使用、推动塑料包装的减量化、加强企业的环境监管等手段，促进淡水水源的修复和保护。

参考文献

［1］ KOSUTH M, MASON S A, WATTENBERG E V. Anthropogenic contamination of tap water, beer, and sea salt ［J］. PloS one, 2018, 13 (4): 1 – 18.

［2］ ADIB D, MAFIGHOLAMI R, TABESHKIA H. Identification of microplastics in conventional drinking water treatment plants in Tehran, Iran ［J］. Journal of environmental health science and engineering, 2021, 19 (2): 1 – 10.

［3］ SARKAR D J, SARKAR S D, DAS B K, et al. Microplastics removal efficiency of drinking water treatment plant with pulse clarifier ［J］. Journal of hazardous materials, 2021, 413: 1 – 9.

［4］ SHEN M C, ZENG Z T, WEN X F, et al. Presence of microplastics in drinking water from freshwater sources: the investigation in Changsha, China ［J］. Environmental science and pollution research, 2021, 28 (31): 42313 – 42324.

［5］ CHERNIAK S L, ALMUHTARAM H, MCKIE M J, et al. Conventional and biological treatment for the removal of microplastics from drinking water ［J］. Chemosphere, 2022, 288: 1 – 9.

［6］ PIVOKONSKY M, PIVOKONSKÁ L, NOVOTNÁ K, et al. Occurrence and fate of microplastics at two different drinking water treatment plants within a river catchment ［J］. Science of the total environment, 2020, 741: 1 – 11.

［7］ WANG Z F, LIN T, CHEN W. Occurrence and removal of microplastics in an advanced drinking water treatment plant (ADWTP) ［J］. Science of the total environment, 2020, 700: 1 – 9.

［8］ DALMAU-SOLER J, BALLESTEROS-CANO R, BOLEDA M R, et al. Microplastics from headwaters to tap water: occurrence and removal in a drinking water treatment plant in Barcelona Metropolitan area (Catalonia, NE Spain) ［J］. Environmental science and pollution research, 2021, 28 (42): 59462 – 59472.

［9］ CHENG Y L, KIM J-G, KIM H-B, et al. Occurrence and removal of microplastics in wastewater treatment plants and drinking water purification facilities: a review ［J］. Chemical engineering journal, 2021, 410: 1 – 18.

［10］ KELKAR V P, ROLSKY C B, PANT A, et al. Chemical and physical changes of microplastics during sterilization by chlorination ［J］. Water research, 2019, 163: 1 - 6.

[11] LIN J L, WU X N, LIU Y, et al. Sinking behavior of polystyrene microplastics after disinfection [J]. Chemical engineering journal, 2022, 427 (1): 1 - 10.

[12] LI Y, LI J, DING J, et al. Degradation of nano-sized polystyrene plastics by ozonation or chlorination in drinking water disinfection processes [J]. Chemical engineering journal, 2022, 427 (2): 1 - 8.

[13] CHEN Y, LIU R, WU X, et al. Surface characteristic and sinking behavior modifications of microplastics during potassium permanganate pre-oxidation [J]. Journal of hazardous materials, 2022, 422: 1 - 11.

[14] TIAN L L, KOLVENBACH B, CORVINI N, et al. Mineralisation of ^{14}C-labelled polystyrene plastics by Penicillium variabile after ozonation pre-treatment [J]. New biotechnology, 2017, 38 (B): 101 - 105.

[15] PULIDO-REYES G, MITRANO D M, KÄGI R, et al. The effect of drinking water ozonation on different types of submicron plastic particles [C] //Proceedings of the 2nd International Conference on Microplastic Pollution in the Mediterranean Sea. Springer International Publishing, 2020: 152 - 157.

[16] ROSS P S, VAN DER AA L T J, VAN DIJK T, et al. Effects of water quality changes on performance of biological activated carbon (BAC) filtration [J]. Separation and purification technology, 2019, 212: 676 - 683.

[17] PERREN W, WOJTASIK A, CAI Q. Removal of microbeads from wastewater using electrocoagulation [J]. ACS omega, 2018, 3 (3): 3357 - 3364.

[18] LIU B, JIANG Q X, QIU Z H, et al. Process analysis of microplastic degradation using activated PMS and Fenton reagents [J]. Chemosphere, 2022, 298: 1 - 7.

[19] LUO H W, ZENG Y F, ZHAO Y Y, et al. Effects of advanced oxidation processes on leachates and properties of microplastics [J]. Journal of hazardous materials, 2021, 413: 1 - 11.

[20] PIVOKONSKY M, CERMAKOVA L, NOVOTNA K, et al. Occurrence of microplastics in raw and treated drinking water [J]. Science of the total

environment, 2018, 643: 1644 – 1651.

[21] TONG H Y, JIANG Q Y, HU X S, et al. Occurrence and identification of microplastics in tap water from China [J]. Chemosphere, 2020, 252: 1 – 7.

[22] FERRAZ M, BAUER A L, VALIATI V H, et al. Microplastic concentrations in raw and drinking water in the Sinos River, Southern Brazil [J]. Water, 2020, 12 (11): 1 – 10.

[23] LAM T W L, HO H T, MA A T H, et al. Microplastic contamination of surface water-sourced tap water in Hong Kong—a preliminary study [J]. Applied sciences, 2020, 10 (10): 1 – 11.

[24] ZHANG M, LI J X, DING H B, et al. Distribution characteristics and influencing factors of microplastics in urban tap water and water sources in Qingdao, China [J]. Analytical letters, 2020, 53 (8): 1312 – 1327.

[25] KANKANIGE D, BABEL S. Identification of micro-plastics (MPs) in conventional tap water sourced from Thailand [J]. Journal of engineering and technological sciences, 2020, 52 (1): 95 – 107.

[26] MUKOTAKA A, KATAOKA T, NIHEI Y. Rapid analytical method for characterization and quantification of microplastics in tap water using a Fourier-transform infrared microscope [J]. Science of the total environment, 2021, 790: 1 – 10.

[27] OßMANN B E, SARAU G, HOLTMANNSPÖTTER H, et al. Small-sized microplastics and pigmented particles in bottled mineral water [J]. Water research, 2018, 141: 307 – 316.

[28] MAKHDOUMI P, AMIN A A, KARIMI H, et al. Occurrence of microplastic particles in the most popular Iranian bottled mineral water brands and an assessment of human exposure [J]. Journal of water process engineering, 2021, 39: 1 – 8.

[29] ZHOU X J, WANG J, LI H Y, et al. Microplastic pollution of bottled water in China [J]. Journal of water process engineering, 2021, 40: 1 – 6.

[30] SCHYMANSKI D, GOLDBECK C, HUMPF H U, et al. Analysis of microplastics in water by micro-Raman spectroscopy: release of plastic particles from different packaging into mineral water [J]. Water research, 2018, 129: 154 – 162.

[31] KANKANIGE D, BABEL S. Smaller-sized micro-plastics (MPs) contamination in single-use PET-bottled water in Thailand [J]. Science of the total environment, 2020, 717: 1 – 9.

[32] MASON S A, WELCH V G, NERATKO J. Synthetic polymer contamination in bottled water [J]. Frontiers in chemistry, 2018, 6: 1 – 11.

[33] WEBER F, KERPEN J, WOLFF S, et al. Investigation of microplastics contamination in drinking water of a German city [J]. Science of the total environment, 2021, 755: 1 – 10.

[34] KIRSTEIN I V, HENSEL F, GOMIERO A, et al. Drinking plastics? — quantification and qualification of microplastics in drinking water distribution systems by μFTIR and Py-GCMS [J]. Water research, 2021, 188: 1 – 9.

[35] GOMIERO A, ØYSÆD K B, PALMAS L, et al. Application of GCMS-pyrolysis to estimate the levels of microplastics in a drinking water supply system [J]. Journal of hazardous materials, 2021, 416: 1 – 8.

[36] WIESHEU A C, ANGER P M, BAUMANN T, et al. Raman microspectroscopic analysis of fibers in beverages [J]. Analytical methods, 2016, 8 (28): 5722 – 5725.

[37] SAMANDRA S, MESCALL O J, PLAISTED K, et al. Assessing exposure of the Australian population to microplastics through bottled water consumption [J]. Science of the total environment, 2022, 837: 1 – 6.

[38] LARES M, NCIBI M C, SILLANPÄÄ M, et al. Occurrence, identification and removal of microplastic particles and fibers in conventional activated sludge process and advanced MBR technology [J]. Water research, 2018, 133: 236 – 246.

[39] TALVITIE J, MIKOLA A, KOISTINEN A, et al. Solutions to microplastic pollution—removal of microplastics from wastewater effluent with advanced wastewater treatment technologies [J]. Water research, 2017, 123: 401 – 407.

第四章　污水处理中的微塑料

　　污水处理厂作为重要的市政环境工程设施，负责处理人类生活、生产和各种其他活动所产生的污废水，是人类社会不可缺少的重要环节。生活污水、工业生产废水、一部分雨水、冲洗马路和洗车等活动的废水，最终均会进入污水处理厂中。经过一系列的处理，包括各种物理、化学和生物处理方法，将这些污废水中的各种污染物削减，使其达到排放标准的要求，最终处理的尾水将排放进入受纳水体，如河流、湖泊和海洋。微塑料污染物作为一类新污染物，其在污水处理厂中的赋存情况、处理效果、最终归趋等，目前均未完全探明。此外，各级污水排放标准尚未将微塑料纳入其监控和处理指标中，这些都导致微塑料污染排放的持续与难以控制。

第一节　污水处理厂中的微塑料分类与来源

一、污水处理厂服务区域与微塑料污染的关联

　　环境中微塑料的来源分为初级微塑料和次级微塑料。初级微塑料是指用于生产个人护理产品（例如磨砂膏、洗面奶）或制造其他产品等，直接投入使用的原始微塑料；次级微塑料是由环境中较大的塑料碎片受到风化降解等磨损过程破碎生成的。

　　污水处理厂中的微塑料，存在其特有的化学和物理特征，通过对其分析，可初步推测出其可能的来源（见图4-1）。污水汇集区域、污水类型、社会经济发展情况、人口数量和密度、污水管网模式等，均对污水厂原水中微塑料的特征和浓度有所影响。城市生活污水中的微塑料主要来自个人护理和衣物洗涤过程，前者源于各种个人护理用品中添加的塑料微球，后者则来自各

种化纤衣物在洗涤过程中释放的塑料丝；工业废水所带来的微塑料具有明显的行业特性，例如，制衣厂的废水中含有大量的衣物残渣塑料丝，电路厂的洗涤废水中则含有大量电路板的碎片残渣，这些都属于塑料高聚物；城市雨水，特别是初期雨水，在冲刷路面形成径流的过程中，将路面上残留的轮胎碎屑也一并冲刷进雨水管网，根据城市排水管网的体制不同，有一部分雨水携带着这些轮胎碎屑（也属于微塑料的一类）最终进入污水处理厂。此外，灰尘也是人们经常忽视的微塑料进入污水处理厂的来源，以及固体废弃物在填埋或堆肥过程中也会有微塑料通过其产生的渗滤液进入污水中。

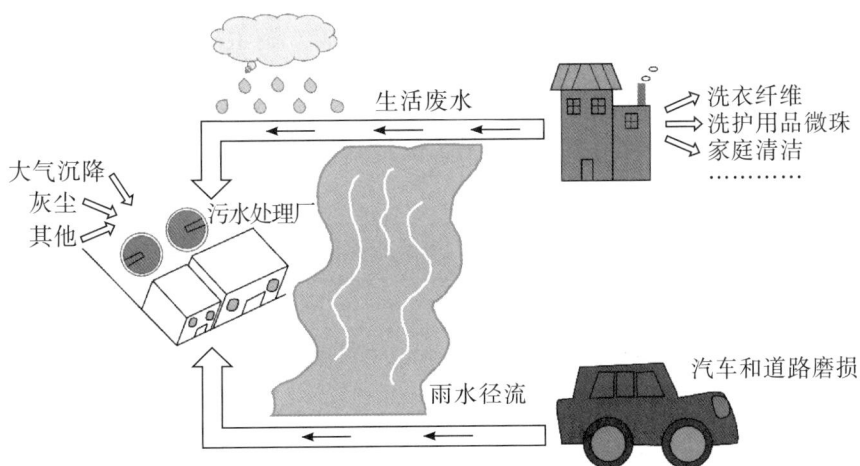

图4-1 污水处理厂中微塑料的来源与归趋

二、污水厂中微塑料的主要类型和特征

污水处理厂进水的微塑料浓度受到服务人口、接收废水类型、城市经济等因素的影响，高低不一。例如，土耳其的一家污水处理厂的微塑料进水浓度为135 MPs/L[1]；位于西班牙西南部的一家污水处理厂的微塑料进水浓度仅为16 MPs/L[2]；中国厦门的一家污水处理厂中微塑料进水浓度约为10 MPs/L[3]，而中国常州的一家污水处理厂的微塑料进水浓度高达330 MPs/L[4]。还有研究人员对比了中国哈尔滨两家分别以工业废水和生活污水为处理对象的污水处理厂，结果发现工业废水进水中微塑料平均浓度含量是生活污水的1.21倍。[5]

以收集生活污水为主的污水处理厂，其原水中所含的微塑料，与居民生活习惯和过程密切相关。迄今为止，已在污水处理厂中检测到了30多种微塑料，主要微塑料聚合物类型包括：聚乙烯（PE）、聚丙烯（PP）、聚氯乙烯（PVC）、聚对苯二甲酸乙二醇酯（PET）、涤纶、聚酰胺（PA）等。这些不同材质的微塑料，其来源与人类生活密切相关。例如，涤纶和尼龙可能来自居民洗涤衣物的废水，PE和PP可能来自日常护理用品、饮用水瓶、食品包装等。污水处理厂中存在的微塑料类型与居民的日常消费习惯一致，不同材质微塑料及其可能来源的归纳总结见表4-1。识别聚合物的化学成分是一项重要的工作，因为不同材质的塑料的机械强度和吸附污染的能力等各不相同。污染物对微塑料的亲和力因化学相互作用而异，包括静电相互作用、范德华力、疏水相互作用、π-π相互作用。例如，PE的吸附能力高于PET，这是因为PE具有更大表面积且PE的聚合物链之间有更大间隙，使得PE对污染物具有更大吸附能力且污染物更容易扩散到PE结构中。

表4-1　污水处理厂中常见的微塑料类型相对丰度及日常应用场景

微塑料类型	相对丰度	应用场景
聚乙烯（PE）	高	约占世界塑料产量的四分之一，在工业上用来制作薄膜、包装材料、管道、电线电缆、日用品等，还可作为电视、雷达的高频绝缘材料
聚丙烯（PP）	中	广泛用于服装、输送管道、小型家电、汽车零配件、化工容器等生产，也用于食品、药品包装
聚苯乙烯（PS）	中	广泛应用于光学工业，生产制造光学玻璃和光学仪器，还可用于生产日常用品、隔热隔音材料及各种电器仪表零件等
聚对苯二甲酸乙二醇酯（PET）	中	广泛用于电子电气、汽车配件、机械设备及包装品的生产
聚氯乙烯（PVC）	中	在建筑材料、日用品、地板砖、人造革、管材、电线电缆、包装材料等方面均有广泛应用
聚酰胺（PA）	低	作为产量最大的工程塑料，广泛用于机械、汽车、电器、纺织器材、化工设备、航空、冶金等领域
聚碳酸酯（PC）	低	工程塑料中增长速度最快的塑料之一，主要应用于玻璃装配业、汽车工业、电子电气工业，其次还有医疗保健、防护器材等

（续上表）

微塑料类型	相对丰度	应用场景
聚甲醛（POM）	低	有"超钢"之称的性能优良的工程塑料，正逐步代替锌、黄铜、铝和钢用于制作一些部件，广泛应用于电子电气、汽车、建材、日用轻工等领域
聚对苯二甲酸丁二醇酯（PBT）	低	五大工程塑料之一，广泛应用于电子电气和汽车工业中，包括汽车分电盘和点火线圈、各种汽车外部装件等
聚苯醚（PPO）	低	五大工程塑料之一，广泛应用于电子电气、汽车、机械、化工领域，还可代替不锈钢制造外科医疗器械
丙烯酸树脂（acrylic resin）	低	在汽车、电气、机械、建筑等领域应用广泛
丙烯腈-丁二烯-苯乙烯（ABS）	低	在机械、电气、纺织、汽车、飞机、轮船等制造工业中获得广泛应用
聚四氟乙烯（PTFE）	低	当今世界耐腐蚀性能最佳的材料之一，在化工、石化、炼油、制药、冶金、电子电气等领域广泛应用，尤其是作为密封材料和填充材料
聚甲基丙烯酸甲酯（PMMA）	低	在航空、交通、建筑、仪表、光学等领域作为无机硅玻璃的替代品应用极为广泛
苯乙烯-丙烯腈共聚物（SAN）	低	广泛用于制作耐油、耐热、耐化学药品的工业制品，如插座、汽车仪表盘、餐具等
硝化纤维素（NC）	低	有军用和民用两大应用领域，军用领域主要用于兵器火药生产，民用领域包括油墨、摄影底片、化妆品、人造革等
醋酸纤维素（DACP）	低	主要用于高档眼镜、工具手柄、油漆及其他能与人体直接接触的产品
乙烯-醋酸乙烯共聚物（EVA）	低	在制鞋工业和新能源领域有广泛应用，如生产凉鞋和拖鞋鞋底、光伏材料黏合剂

　　形状是微塑料分类的一个重要指标。微塑料的形状不仅会影响污水处理厂中各项工艺对其的去除，还会影响微塑料与废水中其他污染物或微生物之间的相互作用。研究人员目前主要将微塑料分为四种形状：纤维状、碎片状、

薄片状和颗粒状。在废水中观察到的微塑料，纤维状所占比例更高。废水中存在大量纤维的原因可能是家用洗衣机所排放的废水中含有大量纤维，且厕纸的使用也对废水中的纤维做出了一定贡献。此外，污水中纤维状微塑料的高丰度还可归因于合成纤维和天然纤维的区分难度。有研究表明，在一些污水样本中，棉花和亚麻等天然纤维占其纤维总数的一半。不规则碎片状则是污水中另一种常见的微塑料形状，它可能是日常使用的塑料制品被腐蚀风化造成的。薄片状和颗粒状微塑料也在废水中被发现，但其丰度比纤维状和碎片状要低很多。颗粒状微塑料可能来自牙膏、磨砂膏等个人洗护产品，薄片状微塑料可能是塑料袋和包装产品被侵蚀而产生的。

目前，有两种常用的方法用于微塑料尺寸的分类。一种是基于微塑料在不同尺寸筛网上的保留而做出大致分类，但由于微塑料的形状不规则，该方法的准确性存在一定问题；另一种则是使用显微成像技术。有研究学者认为，仅用一个数字描述微塑料的大小是不够的，因此其建议使用胶体科学中应用的标准参数以归一化的方式获得关于微塑料实际尺寸的可靠数据。用于微塑料分类的最常见尺寸为 $25\ \mu m$、$100\ \mu m$ 和 $500\ \mu m$。在污水处理厂的进水中，超过 $500\ \mu m$ 的微塑料能达总数的 70% 以上；在污水处理厂的出水中，超过 90% 的微塑料尺寸小于 $500\ \mu m$。然而，微塑料的尺寸分布可能受到用于采集样本的筛网网孔尺寸的影响，网孔尺寸较大可能会导致其漏掉相当一部分小尺寸微塑料。最近有一项研究表明，在大西洋检测到的所有微塑料颗粒中，小于 $40\ \mu m$ 的微塑料占总量的 64%，且其中一半以上小于 $20\ \mu m$。[6] 这表明，污水处理厂中的微塑料值得在未来的研究中重点关注，以充分了解它们在水生环境中的去除和途径。

以前，污水中的微塑料质量浓度并没有引起人们的太多关注。近来，有学者根据微塑料的尺寸量化了污水中微塑料的质量浓度。其结果发现，PP 的丰度不是最高的，但 PP 的质量浓度在微塑料总质量浓度中占比较高。[7] 虽然这项工作中采用的方法只能粗略估计微塑料的质量浓度，但其指出用质量浓度来描述微塑料浓度比例的重要性。目前，研究者们认为热分解技术拥有对微塑料质量浓度进行高准确度定量的潜力。有研究者采用热解—气相色谱—质谱法（Pyr – GC – MS）对农田土壤中的微塑料进行了鉴定和定量，其结果成功对土壤中的 PE、PP 和 PS 进行了定量，它们的平均浓度分别为 $685.55\ \mu g/g$、$1\ 069.98\ \mu g/g$ 和 $864.23\ \mu g/g$。[8] 尽管热分解技术会破坏微塑料样品，但微塑料质量浓度的准确测定可以更好地确定微塑料污染的程度。

对微塑料进行表征不仅有助于鉴定，而且能够辅助解析污水处理厂中微塑料的来源。根据颜色、形态等特征，可以推测微塑料的大致来源。举例来说，在污水处理厂中，我们可以根据颜色和形状推断微塑料的来源。白色薄膜可能是日常生活中塑料包装袋或包装盒等在环境中经过磨损破碎而形成的微塑料薄膜；颗粒状或圆球状微塑料可能来自个人护理品如牙膏、磨砂膏等；纤维状微塑料则可能源自衣物洗涤过程中合成纺织纤维的释放。根据表4-2的数据，污水处理厂中微塑料占比最高的两种颜色为透明和白色，与日常使用的塑料颜色相符。这同时也说明进入污水处理厂的微塑料来源与所服务地区居民的生活习惯息息相关。因此，了解污水处理厂中微塑料的基本特征对我们非常重要。

表4-2 不同污水处理厂的微塑料分布特性

地点	废水来源	微塑料种类	粒径/mm	颜色	形状	参考文献
苏格兰	—	Alkyd、Polyester、PS、PE、PVA等	0.589 ~ 1.342	蓝色、红色、绿色等	薄片状、纤维状、颗粒状	[9]
芬兰	生活污水	PES、PA、PE等	0.25 ~ 5	—	纤维状、碎片状、颗粒状	[10]
中国武汉	生活污水、工业废水	PA、PE、PP、PVC	0.02 ~ 5	白色、透明、黑色、黄色等	纤维状、碎片状、颗粒状、薄片状、发泡状	[11]
法国	生活污水	PS、PE、PP、PET等	0.02 ~ 0.2	—	纤维状、碎片状、颗粒状、薄片状	[12]
中国郑州	生活污水	PE、PA、PP、PET等	0.08 ~ 5	白色、黑色、红色和蓝色	纤维状、碎片状	[13]

（续上表）

地点	废水来源	微塑料种类	粒径/mm	颜色	形状	参考文献
西班牙	生活污水、工业废水	PE、PP 等	<0.02、0.2~5	—	碎片状、纤维状、颗粒状、薄片状、发泡状	[14]
伊朗	生活污水、工业废水	PE 等	0.025~0.84	透明、绿色、蓝色和红色	薄片状、纤维状、颗粒状	[15]
中国北京	生活污水	PET、PES、PP、PVC 等	0~4	黑色、透明、蓝色等	纤维状、颗粒状	[16]
澳大利亚	生活污水、工业废水	PET、PE、PP、尼龙	—	黑色、绿色、白色、蓝色、黄色、透明	纤维状、碎片状、颗粒状	[17]

第二节　污水处理工艺对微塑料的去除和转化

一、不同污水处理工艺对微塑料的去除效能

污水处理厂会根据进水水质和污水排放标准采取一级、二级和三级处理工艺，尽管污水处理厂的工艺不是以去除微塑料为目标设置的，一级+二级处理能去除70%以上的微塑料。一级处理主要以物理沉淀和机械截留为主，包括格栅、沉砂池和初级沉淀池（初沉池）等。由于微塑料尺寸微小，格栅对于大部分微塑料是束手无策的。由于大部分水中微塑料的密度在0.8~1.6 g/cm^3，曝气沉砂池不仅能去除密度较大的微塑料，对于密度接近于水的微塑料也可与浮渣一同撇去；初沉池也可去除密度较大于水的微塑料。有一些污水处理厂会在初沉池后增加浮选工艺，气浮已被证明能去除水中微塑料。总体上，含有大量中等密度微塑料的废水在一级处理中去除效率较高，即一级处理对微塑料的去除主要通过初沉池的表面撇渣过程撇去漂浮的微塑料，以及初沉池的重力分离过程中较重的微塑料或截留在絮凝物中的微塑料的沉

降实现的。事实上，一级处理可以有效去除大尺寸的微塑料，有研究人员发现经过了一级处理之后，废水中的大颗粒（1 000~5 000 μm）微塑料的比例从 45% 急剧下降到 7%。[18]在微塑料形状方面，预处理还可以更有效地从废水中去除纤维。研究表明，预处理后纤维的相对丰度有所降低[19]，这可能是因为纤维更容易被絮凝颗粒捕获，再通过沉降分离。此外，还有研究人员发现一级处理可以有效地去除微珠，因为大部分微珠是由 PE 制成的，它们在水中具有正浮力并且很可能位于废水或脂肪、油颗粒的表面，在那里它们可以很容易地被撇去，并从废水中分离。[9]以英国的一家污水处理厂为例，其服务人口为 6.5×10^5 人，处理能力为 $2.6 \times 10^6 \ \mathrm{m}^3/\mathrm{d}$，一级处理的粗筛可去除约 45% 的微塑料，后续的细筛、砂砾沉降、油脂去除和一级沉降共去除约 34% 的微塑料。[9]不同污水处理厂中一级处理阶段微塑料去除率如表 4-3 所示。

表 4-3　污水处理厂中一级处理阶段微塑料去除率

地点	一级处理工艺	一级处理微塑料去除率/%	参考文献
苏格兰	格栅 + 沉砂池 + 初沉池	78.34	[9]
中国武汉	格栅 + 沉砂池 + 初沉池	40.70	[11]
中国郑州	格栅 + 初沉池	35.60	[13]
中国哈尔滨	格栅 + 初沉池	42.30	[20]
伊朗	格栅 + 沉砂池 + 初沉池	48.91	[15]
中国北京	格栅 + 沉砂池 + 初沉池	58.84	[16]
澳大利亚	格栅 + 初沉池	80.40	[17]
韩国	格栅 + 初沉池	62.70	[21]

二级处理能够将废水中的微塑料进一步减少到 0.2%~14%。大部分污水处理厂的核心工艺是生物法。活性污泥法是最常见的生物法之一，其典型工艺为 AAO 法（厌氧—缺氧—好氧法），在它的基础上衍生了各种各样的处理工艺，如 CAST、SBR 等。另一类常见的生物法为生物膜法，其主流工艺包括生物流化床、生物过滤器等。研究人员调查了中国南京几个采用不同二级处理工艺的污水处理厂，在进水微塑料浓度相似的情况下，发现 CAST 对微塑料的去除效率优于 AAO。[22]研究者从两种技术的去除效率差异中发现水力停留时间是二级处理过程中的一个重要因素，认为它直接影响微塑料在系统

中的停留时间和去除率。有其他研究人员也提出了类似的观点。据报道，较长的接触时间可能会影响微塑料表面生物膜涂层[23]，而这种生物膜涂层可以充当润湿剂，改变微塑料的表面特性或相对密度，进而改变了微塑料在水中的浮力，从而影响微塑料的去除效率。因此，接触时间和废水中的营养水平对微塑料表面污染和微塑料去除效率的影响可能是一个值得进一步研究的角度。此外，在二级处理过程中使用的化学物质，如硫酸铁或其他絮凝剂，可能会对微塑料的去除产生积极影响，因为它们可以导致包括一部分微塑料在内的悬浮颗粒聚集在一起，形成"絮状物"。[9]然而，微塑料究竟如何与微生物或化学絮凝物相互作用，以及化学絮凝物在多大程度上有助于去除微塑料，目前尚不清楚。

MBR（膜生物反应器）是我国应用非常广泛的二级处理工艺，它将活性污泥与膜工艺相结合，具有膜筛分作用和对污染物的生物降解作用，有着显著的污染物去除能力。研究人员观察到 MBR 对微塑料的去除也效果显著，它可以截留一级出水中99%以上的微塑料。[24]最近，有不少研究比较了 MBR 与其他污水处理工艺对微塑料的去除效率。一项研究在不同的污水处理厂中探索了 MBR、DF（盘式过滤器）、RSF（快速砂滤）和 DAF（溶气气浮）工艺对 $20 \sim 300~\mu m$ 微塑料的去除效率，MBR 的去除率为99.9%，DF 为40% ~ 98.5%，RSF 为97%，DAF 为95%。[24]还有研究人员将 MBR 与砂滤和活性污泥技术进行比较，MBR 也显示出略高的微塑料去除率（这三项技术去除率分别为99.4%、97.2%和95.6%）。然而，一项针对 MBR 的研究发现其对纤维状微塑料的拦截效率很低，很可能是纤维状微塑料更容易穿透 MBR，因此，采用其他二级处理工艺来去除化纤服装制造和塑料纤维制造行业的废水微塑料，能获得更好的效果。

与一级处理不同的是，二级处理能有效去除废水中的碎片。有研究支持了这一观点，发现在二次处理后，废水中微塑料碎片的相对丰度下降，而纤维的相对丰度增加。[19]一个可能的原因是，容易撇除或沉降的纤维状微塑料在一级处理过程中已经大部分被去除，而剩余的纤维可能具有某些特征，例如容易漂浮，因此难以被进一步去除。就尺寸而言，较大的微塑料颗粒可以在二级处理过程中进一步去除，从而使二级出水中微塑料丰度相对降低。有研究表明，二级出水中几乎不存在尺寸大于 $500~\mu m$ 的微塑料。[25]也有研究发现，二级处理后废水中大于 $300~\mu m$ 的微塑料仅占8%。[26]然而，有研究团队发现了与上述相反的结果，他们观察到二级处理后尺寸在 $500 \sim 1~000~\mu m$ 范围内的微塑料仍占 43%。[18]这可能与不同操作条件下的各种二级处理工艺对特定微塑料的去除效率有关，因此，二级处理技术对微塑料的去除效果仍有待进一步研究。尽管不同的二级处理技术对微塑料的去除效率存在差异，但研究者普遍认为，这些处理技术并未彻底去除微塑料，只是将微塑料从污水转移到了污泥中。图 4 – 2 为中国某一沿海城市污水处理厂中微塑料的去除情况。

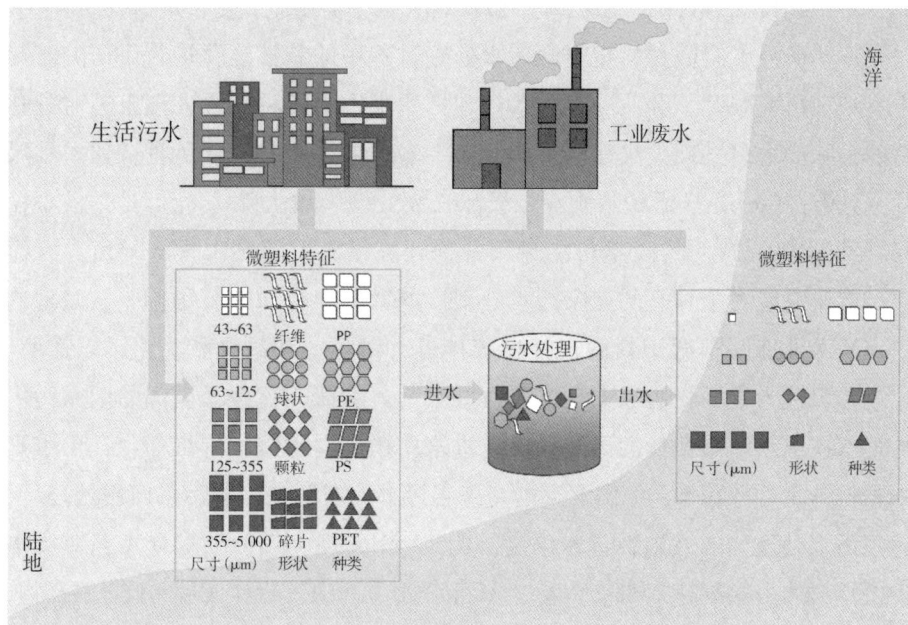

图 4 – 2　中国某一沿海城市污水处理厂中微塑料的丰度、特征和去除

此外，一些污水处理厂为了获得更好的处理效果，在二级处理技术之后还会追加三级处理技术，包括高级氧化技术、膜处理技术和消毒等。三级处理技术的采用也增强了对微塑料的整体去除效率，废水中的微塑料含量相对于进水而言可以进一步降低至 0.2% ~ 2%。研究者对比了位于泰国曼谷的一家污水处理厂三级处理前后的微塑料去除效率，三级处理前的总去除率为86%，在超滤膜过滤之后，去除率提升至 96%。[27]韩国的研究者比较了采用臭氧、膜盘式过滤器和快速砂滤技术的三座污水处理厂，发现臭氧技术对微塑料的去除率（89.9%）明显优于膜盘式过滤器（79.4%）和快速砂滤技术（73.8%）。[21]此外，采用圆盘过滤法和溶解气浮法作为三级处理工艺的污水处理厂，对来自二级出水中的微塑料的去除率都能达到90%以上[24]；反渗透也能使微塑料的浓度显著降低。另外，还有研究对比了氯化消毒和紫外线消毒对微塑料的去除率，发现氯化消毒优于紫外线消毒。[28]然而，也有研究发现高级过滤技术并未对污水处理厂的微塑料排放量产生影响[29]，生物活性过滤器和熟化池也被观察到不能显著改变废水中微塑料的含量[25]。三级处理中单元进水和出水的微塑料浓度在大多数情况下都是很低的，因此，在样本数量有限的情况下可能会得出有误的结果。与评估一级处理和二级处理过程相比，要做到可靠地评估三级处理的微塑料去除率需要更大更多的采样量。

一些研究者对微塑料在不同污水处理过程中的特性变化进行了研究。其中有一项研究跟踪了芬兰一家污水处理厂所采用的各种污水处理工艺对微塑料的去除能力，发现大尺寸（≥300 μm）微塑料主要被一级处理截留，小尺寸（100～300 μm）微塑料则在二级和三级处理中被去除[26]。但是，极小粒径（20～100 μm）的微塑料能穿透各种处理措施，随尾水排入河流、海洋中。有研究者对土耳其的三家污水处理厂的微塑料分布进行了调查，发现这三家污水处理厂中微塑料的尺寸比较接近，以颗粒和纤维状为主，以透明、棕色和黑色为主，材质以 PP 和 PE 为主。[30]还有研究比较了美国的两家污水处理厂进出水中微塑料的形状，发现进水中微塑料形状以纤维为主，出水则以颗粒为主。[31]另外，中国北京的高碑店污水处理厂是一家污水回用处理厂，这家污水处理厂的微塑料进水浓度约为 12 MPs/L，其传统 AAO 工艺对废水中微塑料的去除率达 95%。[16]在这家污水处理厂中发现了 18 种不同聚合物，以 PET、PS 和 PP 为主，微塑料形状以纤维状占比最多。表 4 - 4 为不同污水处理厂中微塑料的进出水浓度和去除效率。

表 4 - 4　不同污水处理厂中微塑料的进出水浓度和去除效率

地点	处理能力/（m³/d）	处理类型	进水/（particles/L）	出水/（particles/L）	去除效率/%	文献
美国	16 416	二级处理	1	8.80×10^{-4}	99.90	[23]
苏格兰	260 950	二级处理	15.7	0.25	98.40	[9]
芬兰	10 766	二级处理	57.6	1	98.30	[10]
加拿大	493 271	二级处理	31.1	0.5	97.90	[32]
意大利	400 000	三级处理	2	0.3	84.00	[33]

（续上表）

地点	处理能力/（m³/d）	处理类型	进水/（particles/L）	出水/（particles/L）	去除效率/%	文献
中国武汉	20 000	二级处理	79.9	34.1	57.30	[11]
中国郑州	300 000	三级处理	16	2.9	81.90	[13]
中国哈尔滨	600 000	二级处理	126	30.6	75.70	[20]
西班牙	35 000	二级处理	12.43	0.31	90.00	[14]
伊朗	28 800	二级处理	9.2	0.84	90.87	[15]
中国北京	1 000 000	二级处理	12.03	0.59	95.16	[16]
澳大利亚	130 000	二级处理	92	0.18	97.60	[17]
韩国	20 840	三级处理	5 840	66	98.90	[21]
法国	80 000	三级处理	244	2.84	98.93	[12]

二、微塑料对污水处理工艺效能的影响

由于微塑料的大比表面积、疏水性、难降解性等特性，微塑料会对一些污水处理工艺有较大影响。

污水的一级处理主要是通过简单的沉淀、过滤或适当的曝气，以去除污水中的悬浮物和部分悬浮态的污染物，处理方法一般有筛滤法、重力沉淀法、浮选和预曝气法。气浮是一级处理中常见的从水中高效快速分离固体颗粒的方法，它能够产生微小气泡，其与悬浮物接触后上浮至水面，再通过刮除浮渣达到去除污染物的目的。气泡尺寸和数量是影响气浮效果的主要因素，然而微塑料的大比表面积使得其容易吸附污染物质并结块，导致形成的絮体的密度与原气浮设计参数不同，这使得原本设计的效果受到影响。再加之微塑料本身与气泡表面均带有负电荷，相互之间产生静电斥力，导致微塑料不能很好地黏附在气泡上。此外，微塑料的小密度和疏水特性会导致其在水中呈垂直分布，有相当部分微塑料不会因为重力沉淀到底部，它们会随着污水进行水平迁移，重力沉淀法作用有限。混凝法也是污水处理中去除颗粒和胶体的主要工艺单元，微塑料的存在可能也会对其产生影响。在混凝过程中，絮凝体的形成受到水体 pH 值、表面电荷和温度等的影响。然而，带有负电荷的微塑料可能会与明矾等絮凝剂结合而与污水中的悬浮颗粒竞争，导致絮凝剂用量的增加。值得注意的是，有研究发现，老化的 PE 微塑料能显著提升

混凝过程中有机物的去除效果，还能明显提升混凝过程中絮体的生长速度。在混凝沉淀过程中，老化的塑料不仅能够提高有机物的去除效果，还使得微塑料自身更易被去除，而老化本质上就是一种氧化过程。因此，未来可以考虑用预氧化来强化混凝对微塑料的去除效果。

二级处理也被称为生物处理，它主要是利用微生物的氧化分解及转化功能，以污水的有机物作为微生物的营养物质，通过微生物的代谢作用使污水中的污染物质被降解、转化。据报道，水中微塑料的存在会改变其表面生物膜的类型和丰度，影响硝化和反硝化作用。例如，当 PVC 存在时，出水中硝酸根离子含量随着 PVC 浓度的增加而增加，进而导致无机氮去除效率降低。[34]当 MBR 进水中含有 10 MPs/L 的 PVC 时，会加剧 MBR 膜污染，并降低有机物（从 80% 降低至 50%）和氨（从 95% 降低至 40%）的去除效率。[35]另外，硝化和反硝化的关键酶是嵌入细胞膜或位于细胞质中的，微塑料吸附在细胞表面生物分子上，增加了微塑料与关键酶的接触机会，可能导致酶活性降低和失活，从而影响废水的反硝化性能。[36]不过，有研究人员发现，当废水中微塑料浓度低于 10 000 MPs/L 时，微塑料对硝化和反硝化作用影响不大。[37]然而，微塑料的存在还显著提高了总溶解磷和可溶性有机磷的含量，但经过长期试验发现其对除磷效果没有显著影响。[38]还有研究发现，随着微塑料浓度的显著增加，其与生化需氧量、溶解氧、总氮和总磷有显著关系，尤其是微塑料浓度与生化需氧量呈正相关。[39]此外，由于微塑料的比表面积巨大，微塑料容易与废水中的悬浮物结合形成球体，造成水分分布不均，导致微塑料表面上挥发性固体的破坏减少。[40]本应被破坏的挥发性固体会转化为更多的污泥，从而增加后续污泥处理的成本。据报道，长期暴露于高浓度微塑料会增加 9.1% 的废污泥量，进而增加了相应的污泥运输和处置成本。[41]

在三级处理工艺中，膜处理工艺具有广泛的市场可用性、易于改造且成本低，还可以有效解决污水中的微塑料和纳米塑料污染，超滤、反渗透和微滤等技术的应用日益广泛。在膜过滤过程中，微塑料的不规则形状易对膜造成磨损，当高压作用于反渗透膜时，该现象可能会更明显。反渗透膜中有 11% 的膜会因受到水中的碎屑颗粒的磨蚀而受损害。最近的一项研究评估了微塑料对 3 种不同的微滤膜造成的磨损，研究人员分别将浓度为 100 mg/L、粒径范围为 20～300 μm 的 PA 和 PS 用聚碳酸酯（PC）、醋酸纤维素（CA）和聚四氟乙烯（PTFE）过滤。结果发现，PS 颗粒由于其形状更不规则而比 PA 对膜造成更大的磨损；CA 膜由于硬度较低，它的磨损比 PC 膜和 PTFE 膜更严重。此外，膜具有耐化学性和机械稳定性，有多种孔径分布和配置，但微塑料由于它的浮力和尺寸会造成或加剧超滤、微滤中过滤膜的表面污染。这是因为微塑料与膜之间的极性相互作用和静电力会使得微塑料被吸附在膜表面，其逐渐积累会造成膜孔堵塞[42]，然后形成滤饼，进而影响膜过滤性能。据报道，混凝过程中大粒径微塑料往往会被拦截于絮体表面，而小粒径微塑料容易进入絮体形成的内部网络，形成致密滤饼层，加剧膜污染。[43] 有研究人员也观察到了与上述类似的情况，他们研究了聚砜膜对乳胶颗粒的去除，并根据乳胶颗粒大小观察到了两种不同的污染机制。小于 $10~\mu m$（小于膜孔径）的颗粒通过阻塞膜孔引起不可逆污染，大于 $10\mu m$ 的颗粒由于物理吸附在膜表面沉积形成滤饼层而产生可逆污染。另外，膜生物污染，即微生物及其聚合物基质在膜表面的堆积，是膜工艺所面临的老问题。微塑料的存在会增强微生物活性，刺激多糖和蛋白质的产生，这些多糖和蛋白质会积聚在膜表面，造成严重的膜污染。值得注意的是，污垢层本身可以在分离过程中对污染物的去除发挥重要作用[44]，而大多数微塑料带负电，它们在污垢层中的存在可能会降低污水中其他污染物的去除率。受机械、光解和微生物等作用，微塑料会进一步分解成纳米尺度塑料，对膜污染的影响更严重。当前对纳米塑料的研究多以检测方法、毒理学效应为主，后续需要多加关注纳米塑料对膜污染的影响。

快速砂滤器是污水处理厂中常用的一种重要三级处理方法，它利用砂砾、无烟煤和石英砂等天然颗粒材料作为过滤介质以去除水中污染物。微塑料本身是具有疏水性的，但它经风化后表面会产生羟基，进而亲水性提高，从而吸附二氧化硅颗粒，导致快速砂滤（RSF）性能下降。此外，纳米塑料具有更高的比表面积，可以诱导高密度羟基、氢键与二氧化硅颗粒发生更强的相互作用。因此，微塑料的存在对 RSF 具有一定的潜在负面影响。消毒是杀死水中病原微生物和防止疾病传播的有效方法，通常是污水处理过程的最后一步。紫外线消毒和氯化消毒作为水的三级处理工艺已经得到广泛应用，已知水中微米级悬浮固体的存在可使微生物被悬浮液中的絮凝体包裹，进而阻碍紫外线和氯化对微生物的作用。因此，具有相似物理特性的微塑料可以作为细菌的保护基质，抵抗消毒过程。有报道证实了该猜想。研究人员采用紫外线和氯化消毒及大肠杆菌作为研究对象，评估了这两种消毒方式在微塑料存在下的消毒效率。[45] 从实验结果来看，对于紫外线消毒，微塑料的存在可以阻挡紫外线在水中的穿透。在消毒过程中，微塑料可能会影响紫外线和含氯消毒剂的效率，充当细菌等微生物的保护伞。目前，这方面的研究相对来说很少，未来有待进一步深入探讨。

虽然以上研究分析了微塑料对不同污水处理工艺的影响，但因为各个实验所采用的微塑料类型、形状和浓度均有所不同，因此难以进行横向比较，微塑料对污水处理过程的影响仍需要进一步研究。

第三节　污泥处理工艺对微塑料的处理效能

一、微塑料在污泥处理过程中的去处与转化

污水处理厂一级处理和二级处理所产生的污泥中含有大量微塑料。例如，含有大量微塑料的污水原水在通过沉砂池或初级沉淀池时，一部分微塑料会沉降并进入污泥中；在生物处理阶段，活性污泥由有机物、无机物、微生物及其衍生物组成，微塑料也汇集到其中。因此，微塑料能随着污泥进入自然环境。有研究表明，进入污水处理厂的微塑料，至少有80%会被保留在污泥中，导致污泥的微塑料丰度达到 1 000 ~ 24 000 MPs/kg。[9,37]还有研究表明，我国的28家污水处理厂的污泥中，微塑料的平均丰度达到（22.7 ± 12.1）×10³ MPs/kg。[46]污泥中微塑料的构成受工业废水比例、服务面积、服务人口数量、污水处理工艺等的影响，例如，有研究发现我国经济更为发达和人口更为稠密的东部的污水处理厂污泥中的微塑料数量高于经济相对落后的西部地区。[46]由于污泥中微塑料主要源于污水中微塑料的沉积及转移，其微塑料的组成类型总体与污水相似。研究发现：污泥中白色微塑料占比最高，其次为黑色、红色、橙色、绿色和蓝色；形状以纤维状为主；化学组成包括 PE、PU、PS 等。[46]

近年来，对污泥的管理及重视正在日渐增强。随着人口数量、污水处理厂容量及城市化脚步的加快，污泥的数量与日俱增，大家对污泥的看法也由废物转变成了资源。污泥管理技术包括农业应用、热处理、垃圾填埋、堆肥生产和能源生产。目前，全世界最常见的污泥资源化利用方法就是将其用作农田肥料。例如，在澳大利亚有75%左右的污泥在农业中得到了回收利用[47]，污泥所富含的高营养价值利于植物生长发育。但是，污泥不仅是植物的营养供应者，还是"微塑料吸收槽"。污泥处理工艺设计最初并非针对微塑料，但由于技术和基础设施已经普遍使用和建设，它们将担当起去除微塑

料的任务。任何可行的微塑料去除技术都应防止微塑料进入污水和污泥，若污泥管理不善，会导致微塑料污染土壤、空气和地表水。表4-5是不同污水处理厂污泥中的微塑料浓度。因此，下面将介绍常用的污泥处理工艺（厌氧消化、堆肥、热处理等）对微塑料的去除效果。

表4-5　不同污水处理厂污泥中的微塑料浓度

地点	处理能力/ （m³/d）	微塑料种类	微塑料浓度/ [particles/(g·dw)]	参考文献
苏格兰	260 950	PS、PE	1.2	[9]
爱尔兰	—	PE、PET、Acrylic、PP	4.196	[37]
芬兰	10 000	PS、PE、PET、Acrylic、PP	23~170.9	[10]
加拿大	493 271	—	4.4~14.9	[32]
法国	80 000	PS、PE、PET、PA	16.3	[12]
中国郑州	300 000	PE、PP、PA、PET	2.92	[13]
西班牙	45 000	PE、PP、Acrylic	165	[48]
中国西安	150 000	PP、PE、PS、PA、PER	10.12	[49]
土耳其	360 083	PC、PET、PES	92.3	[50]
伊朗	22 000~23 240	PP、PES、PA、Acrylic	129~238	[51]
中国北京	180 000	PE、Polyester、PS、UF（脲醛树脂）	7	[52]

注：particles/(g·dw) 代表每一克干污泥中微塑料的个数。

厌氧消化是一种经济有效的稳定污泥的方法。在厌氧消化过程中，有机物被微生物分解，该过程产生的沼气可作为清洁能源使用。厌氧消化的环境效益包括减少污泥产量、保存养分和减少温室气体排放。厌氧消化被认为有助于减少污泥中微塑料的数量，我国的一项研究发现，污水处理厂中出水的微塑料形态主要为纤维状，而厌氧消化后污泥中的微塑料形态为颗粒状和碎片状。研究者认为这是由于纤维在污泥厌氧消化过程中被降解为更小尺寸的微塑料[53]，说明污泥处理对微塑料产生了破坏性影响，从而改变了它们的数量、大小和表面形态。但是，在污泥中存在的塑料，一般都耐生物降解。有研究人员进行了一项实验来分析厌氧消化期间 PP、PS 和 PET 的生物降解性能，及在添加了能增强传统塑料生物降解性的添加剂后 PE、PP、PS 和 PET 的生物降解性能。[54] 该实验结果表明，即使在加入了添加剂后，这些塑料也很难发生生物降解。其中，PE 和 PET 在 50 ℃ 的厌氧环境中保留 500 天也没有发生任何降解。尽管大多数塑料并非具有在自然环境条件下发生降解的特性，但它们还是可以在特定条件（优化温度、有机物供应和水分）的工业系统中发生一定程度的降解。[55] 与一些污泥处理工艺相比，在厌氧消化期间可以观察到微塑料的丰度更低，说明厌氧消化具有一定的去除污泥中微塑料的能力。但目前来说，学者对厌氧消化池中微塑料的生物降解仍研究较少。

堆肥是基于微生物的自然好氧生物降解过程，能够将可生物降解的有机物转化为腐殖质。在堆肥的初始阶段，温度从室温升高到 45 ℃；随着温度继续上升到 70 ℃ 或更高，即进入嗜热阶段。一旦代谢物质被利用，温度和微生物活动就会降低并到腐熟阶段。堆肥是解决可持续废物的主要策略之一。然而，堆肥现被认为是农业环境中微塑料的重要诱导因素。研究调查结果显示，堆肥样品中的微塑料浓度在 10 ~ 2 800 MPs/（kg·dw）（dw 表示 dry weight，即干污泥重量）范围内，而且还发现堆肥充当着微塑料结合有毒痕量金属（Cr、Pb、Cu、Ni 等）进入农业生态系统的载体。[56] 虽然研究人员发现 PP、PS 和 PET 塑料很难在堆肥过程中发生降解，但有不少研究观察到某些生物体或群落可以在传统堆肥系统中降解塑料。另一项研究报道称，PU 能够在堆肥的嗜热和腐熟阶段被降解，且相关研究人员认为 PU 能够发生降解是因为腐皮镰刀菌和乙醇假丝酵母菌这两个真菌群落的存在。[57] 在农村的生活垃圾堆肥中，微塑料的平均丰度为 2 400 ± 358 MPs/（kg·dw），微塑料的主要形状是纤维状和薄片状，PP、PE 和 PU 是其中最常见的微塑料种类。然而，最近一项研究工作发现，微塑料在经历了堆肥处理后，丰度反而增加，其大小和形状也发生了变化。[58] 研究人员猜测堆肥过程中，大塑料的表面碎裂是导致微塑料释放的重要原因。此外，一个国外实验室研究了潟湖污泥与绿色废物共同堆肥对微塑料的影响。该实验结果显示，混合堆肥中微塑料的数量随着污泥的比例而变化，且传统的混合堆肥不会使微塑料发生生物降解，但是可以影响其中微塑料的粒径。[59] 近年来，研究人员对于在高达 90 ℃ 下进行的超高温堆肥给予了关注，这是因为超高温堆肥具有去除微塑料的潜力。有一科研团队进行了超高温堆肥处理对微塑料的影响研究，其结果表明，经历 45 天的超高温堆肥处理后，污泥中有 43.7% 的微塑料被去除，这个微塑料去除效率是传统堆肥系统的 9 倍。该团队分析认为，是超嗜热细菌在攻击和氧化塑料的结构，进而导致生物氧化和生物降解，最终使得超高温堆肥能够高效去除微塑料。[60] 尽管超高温堆肥的去除效果看上去潜力无限，但是在传统的堆肥系统中实现超高温堆肥仍面临不少挑战，特别是其运行成本。另外，超高温堆肥依赖于特定的微生物，因此不能保证它们可以降解各种材质的微塑料组合。还需要注意的是，某些微塑料可能具有高热稳定性，因此在超高温条件下可能无法有效降解。但是，超高温堆肥仍值得深入研究。研究表明，微生物是污泥处理过程中重要的塑料分解者，但它们的活性不足以确保分解污水处理厂中所有的微塑料，仍需要同时探究其他方法来去除微塑料。

污泥的热处理技术一般包括焚烧、气化和热解，这些技术能减少污泥大部分质量和体积，并消除污泥中所含有的污染物。目前，大部分发达国家都将热处理技术作为污泥的最终处置方案，荷兰的污泥几乎全部采用热处理技术处理，日本国内约 70% 的污泥也采用热处理技术处理。到目前为止，焚烧被认为是唯一真正能够破坏塑料的技术。焚烧曾因其产生的排放物而被认为是不可持续的技术，但现在它又逐渐获得大众的认可，因为它回收能量的贡献可以弥补其释放有害物质所造成的危害，并且焚烧回收的灰渣可用于生产水泥、瓷砖、干黏土、活性炭等材料。热干燥和热水解也是常用的污泥热处理技术，据研究报告，热干燥对污泥中微塑料丰度几乎没有影响，但在微塑料表面发现了起泡和熔化现象，而热水解会增加污泥中微塑料的丰度。[61] 然而，也有研究比较了进行热干燥前后的污泥中微塑料的数量，得到了与上述不同的结果，即热干燥前后污泥中微塑料丰度发生了变化。[48] 这些截然不同的结果可能是操作条件、干燥温度、搅拌方式等因素之间的差异造成的。热处理能够使微塑料表面产生明显的划痕、凸起，这将有利于微塑料对各种重金属的吸附。例如，有一项研究表明，焚烧后的底灰是环境中微塑料的潜在来源。该研究对大规模燃烧焚烧炉和流化床焚烧炉的底灰进行了分析，发现底灰中微塑料的丰度范围为 360 ~ 102 000 MPs/t，尺寸主要集中在 50 μm ~ 1 mm，PP 和 PS 占微塑料材质的主导地位。此外，研究人员还在底灰中的微塑料表面发现了铜、锌、铅、镉等重金属，其作为飞灰进入到环境中，对人类的危害不言而喻。[62] 另一项研究调查了城市固体垃圾焚烧厂底灰中微塑料的含量。微塑料以碎片形式为主，平均丰度为 171 MPs/kg（干污泥），该研究团队还发现底灰中的微塑料在外部降水的影响下可以显著溶解。[63] 还有研究人员对中国南方小城镇的生活垃圾焚烧厂底灰进行了调查，其底灰中的微塑料形态以碎片为主，含量达 $131 \sim 176$ MPs/（kg·dw），显著高于周围环境中灰渣土和表层土的微塑料丰度。[64]高吸附能力导致焚烧后的微塑料成为重金属载体，因此在随后的灰烬处理过程中必须考虑到这一点，并采取有效措施阻止微塑料中的重金属向环境扩散。

在农业生产中全世界广泛使用污泥作为肥料和土壤改良剂，该技术具有将污泥中的微塑料转移至农业环境中的风险。农业耕作可以将微塑料从表层土壤转移到更深的犁土层，甚至有研究人员观察到蚯蚓能将 PE 从地表处运送至土壤剖面 10 厘米深的地方[65]，对马铃薯和胡萝卜等根茎的修剪也会导致微塑料向下迁移。[66]同样地，还有研究人员提供了土壤中跳虫能移动微塑料颗粒的证据，并表明微塑料可以与有机物以类似的距离和速度转移。[67]土壤生物可以通过挖洞、摄取食物、排泄等活动来携带微塑料或者促进微塑料迁移。上述这些方式使得微塑料可以在土壤中垂直运输，进而使微塑料进入地下水或海洋环境。有研究团队观察到，与未施用污泥的土壤相比，施用过污泥的土壤中的微塑料含量平均高出 256%。[68]此外，必须注意到微塑料与土壤污染物的相互作用。例如，污泥中的微塑料由于其粗糙和多孔表面而增加了对镉等重金属的吸收能力。[47]所以，将含微塑料的污泥用于农业可能会导致其他污染物在土壤中扩散。

二、微塑料对污泥处理和受纳环境的影响

污泥处理过程能对微塑料造成影响，但是污泥中的微塑料也会对污泥处理过程产生影响。一项研究发现，微塑料的存在影响了污泥中细菌群落的丰度和多样性，研究人员得到了微塑料对污泥中微生物群落具有选择性影响的结论。[69]此外，还有一项研究观察到，由于发酵过程中的环境条件和微生物活动，微塑料表面发生了化学和形态改变。[70]随着时间的推移，微塑料表面出现了裂纹、裂缝或表面粗糙度增加，且微塑料表面出现更多的吸附位点和含氧官能团，从而增加了微塑料的亲水性、极性和表面电荷。这表明发酵后的微塑料的吸附能力会增强，进一步导致抗生素、重金属和持久性有机污染物等有毒物质在微塑料表面富集，从而影响微生物的丰度和活性。因此，微塑料的存在能够改变与水解、酸化和产甲烷相关的细菌的物种结构，并影响参与甲烷发酵特定阶段的酶的活性。近几年，有不少研究显示，污泥中的微塑料会影响污泥厌氧发酵过程，PE、PVC 和 PS 已被证实会对甲烷化过程造

成负面影响，进而降低了甲烷的产量。例如，当污泥中的 PVC 含量分别为 20 MPs/(g·dw)、40 MPs/(g·dw) 和 60 MPs/(g·dw) 时，甲烷的产量分别相应降低了约 10%、20% 和 25%。[71]研究人员进一步发现，PE 的存在会抑制与产甲烷相关的菌种的活性[40]；PVC 含量过高时，会使得将蛋白酶、乙酰辅酶 A 等转化为乙酸的酶的相对活性下降[71]；PS 的存在会抑制一些参与甲烷生成的功能基因的转录。[72]微塑料对甲烷发酵效率的负面影响也可能是由于从微塑料结构中释放出了塑料添加剂。有研究人员发现 PVC 造成甲烷产量减少是由于有双酚 A（BPA）浸出，因为双酚 A 对水解酸化过程有显著抑制作用。迄今为止的研究都表明微塑料及其所释放的物质会对厌氧发酵过程中的微生物活性产生不利影响，从而降低沼气产量。

微塑料的存在会影响堆肥期间的微生物组成和腐殖化率。一项研究分别把 PE、PVC 和聚羟基烷酸酯（PHA）与牛粪和锯末混合制成堆肥，其结果发现，这三种微塑料都能降低堆肥嗜热阶段中真菌群落的多样性和丰富性，以及削弱真菌群落的稳定性，降低了真菌的共生关系；同时，PE 和 PHA 的存在会降低最终堆肥的腐殖酸含量。[73]此外，研究人员更进一步研究发现，微塑料的存在也会导致嗜热阶段中细菌群落的丰富度和多样性下降。[74]近年来，超高温堆肥受到广泛关注，然而，微塑料的存在会影响堆肥期间的气体排放，且微塑料对温室气体和氨气排放的影响与微塑料的种类和特性有关。有一项研究报道，PE、PHA 和 PVC 均能降低甲烷和氨气排放量，一氧化二氮的排放量则取决于微塑料的种类。含有 PE 和 PVC 的堆肥中一氧化二氮的排放量增加，添加了 PHA 的堆肥中一氧化二氮的排放量减少了 10% 以上。[75]还有研究人员评估了可降解塑料与食物垃圾共同堆肥对温室气体排放的影响，结果显示可降解塑料的存在降低了堆肥中甲烷、二氧化碳的排放量，还优化了氮循环，减少了增塑剂等有毒物质的释放。[76]

让污泥在黑暗条件下进行发酵从而产生氢气，被认为是一种很有前景的污泥管理技术。该过程通常在高 pH 值条件下进行，以抑制乙酸和甲烷的生成。现有的研究已表明微塑料会影响发酵的效率，而微塑料对氢气产生的抑制作用取决于微塑料的浓度和大小。有一项研究发现，当 PE 微塑料的尺寸减小为纳米级别或浓度增加时，均能显著降低氢气产量并抑制细胞外聚合物的产生，从而导致生物质分解和细胞活性丧失。[77]好氧颗粒污泥是具有广泛工程应用前景的一种特殊生物膜，有研究人员探究了 PET 对其造粒过程的影响。结果显示，当 SBR 系统的污泥存在 PET 时，能增强污泥的表面疏水性能，促进污泥造粒；但当PET长时间在SBR系统污泥中时，会削弱系统的脱氮性能。

在陆地环境中，已经观察到微塑料能够通过降低土壤生物的生长繁殖率，并增加土壤生物的死亡率，从而对土壤生物种群产生负面影响。[68]有研究人员将蚯蚓投放到微塑料浓度分别为7%、28%、45%和60%的垃圾堆中，他们发现，随着垃圾中微塑料浓度的增高，蚯蚓的生长速度下降，且伴随着体重的减轻。该研究还认为微塑料可能会对生态系统的初级和次级生产力、有机物分解和物质循环产生影响，因为微塑料一旦流入环境就有可能转移到其他生物体内，或者参与物质循环中的微生物降解过程。[78]另外，有研究团队也发现了类似的证据，高浓度的微塑料会使蚯蚓产生氧化应激和神经毒性[79]，微塑料在蚯蚓肠道内积累会损伤其肠道细胞并造成DNA损害。[80]微塑料除了会对动物造成一定的健康风险，对植物造成的有害影响也值得我们关注。微塑料本身携带电荷，由于静电吸引，可以增强它们在植物根部的吸附，影响植物的养分固定或光合作用。[81]微塑料还对种子的萌发造成负面影响，一研究团队将蕨类植物暴露于具有不同PS含量的环境中，随着PS浓度的增加，植物发芽率减少，实验人员认为这是因为微塑料颗粒堵塞了植物的毛孔或其孢子表面，减少了植物的水分吸收。[82]此外，还有研究人员将洋葱根放置在PS浓度为1 g/L的环境中72小时，与对照组相比，洋葱根的生长减少了41.5%。[83]

目前有关污泥处理中微塑料的相关研究还比较少，对微塑料在污泥处理过程中演化的了解还不够全面。污泥被处理后，通常会用于堆肥、焚烧和改良土壤等。污泥堆肥和改良土壤，都会将微塑料输送至土壤[84]，而污泥焚烧后，灰烬中也含有微塑料残留物。[62]微塑料一旦通过污泥进入环境，便会长期存在，而微塑料的比表面积和含氧官能团能促进其吸附环境中的有毒有害物质，加剧其对环境的危害和对人类的健康风险。

参考文献

[1] ÜSTÜN G E, BOZDA K, CAN T. Abundance and characteristics of microplastics in an urban wastewater treatment plant in Turkey [J]. Environmental pollution, 2022, 310: 1 – 9.

[2] MENÉNDEZ-MANJÓN A, MARTINEZ-DIEZ R, SOL D, et al. Long-term occurrence and fate of microplastics in WWTPs: a case study in Southwest

Europe [J]. Applied sciences-basel, 2022, 12: 1 – 17.

[3] LONG Z X, PAN Z, WANG W L, et al. Microplastic abundance, characteristics, and removal in wastewater treatment plants in a coastal city of China [J]. Water research, 2019, 155: 255 – 265.

[4] XU X, JIAN Y, XUE Y G, et al. Microplastics in the wastewater treatment plants (WWTPs): occurrence and removal [J]. Chemosphere, 2019, 235: 1089 – 1096.

[5] 宣立强, 刘硕, 万鲁河, 等. 典型城市不同来源污水中 MPs 的分布特征差异 [J]. 环境科学与技术, 2022, 45 (6): 87 – 92.

[6] ENDERS K, LENZ R, STEDMON C A, et al. Abundance, size and polymer composition of marine microplastics ≥ 10 μm in the Atlantic Ocean and their modelled vertical distribution [J]. Marine pollution bulletin, 2015, 100 (1): 70 – 81.

[7] SIMON M, VAN ALST N, VOLLERTSEN J. Quantification of microplastic mass and removal rates at wastewater treatment plants applying Focal Plane Array (FPA) -based Fourier Transform Infrared (FT-IR) imaging [J]. Water research, 2018, 142: 1 – 9.

[8] LI Z, WANG X, LIANG S, et al. Pyr-GC-MS analysis of microplastics extracted from farmland soils [J]. International journal of environmental analytical chemistry, 2023, 103 (18): 7301 – 7318.

[9] MURPHY F, EWINS C, CARBONNIER F, et al. Wastewater treatment works (WwTW) as a source of microplastics in the aquatic environment [J]. Environmental science & technology, 2016, 50 (11): 5800 – 5808.

[10] LARES M, NCIBI M C, SILLANPAA M, et al. Occurrence, identification and removal of microplastic particles and fibers in conventional activated sludge process and advanced MBR technology [J]. Water research, 2018, 133: 236 – 246.

[11] LIU X N, YUAN W K, DI M X, et al. Transfer and fate of microplastics during the conventional activated sludge process in one wastewater treatment plant of China [J]. Chemical engineering journal, 2019, 362: 176 – 182.

[12] KAZOUR M, TERKI S, RABHI K, et al. Sources of microplastics pollution in the marine environment: importance of wastewater treatment plant

and coastal landfill [J]. Marine pollution bulletin, 2019, 146: 608 – 618.

[13] REN P J, DOU M, WANG C, et al. Abundance and removal characteristics of microplastics at a wastewater treatment plant in Zhengzhou [J]. Environmental science and pollution research, 2020, 27 (29): 36295 – 36305.

[14] BAYO J, OLMOS S, LÓPEZ-CASTELLANOS J. Microplastics in an urban wastewater treatment plant: the influence of physicochemical parameters and environmental factors [J]. Chemosphere, 2020, 238: 1 – 11.

[15] TAKDASTAN A, NIARI M H, BABAEI A, et al. Occurrence and distribution of microplastic particles and the concentration of di 2-ethyl hexyl phthalate (DEHP) in microplastics and wastewater in the wastewater treatment plant [J]. Journal of environmental management, 2021, 280: 1 – 7.

[16] YANG L B, LI K X, CUI S, et al. Removal of microplastics in municipal sewage from China's largest water reclamation plant [J]. Water research, 2019, 155: 175 – 181.

[17] ZIAJAHROMI S, NEALE P A, SILVEIRA I T, et al. An audit of microplastic abundance throughout three Australian wastewater treatment plants [J]. Chemosphere, 2021, 263: 1 – 11.

[18] DRIS R, GASPERI J, ROCHER V, et al. Microplastic contamination in an urban area: a case study in Greater Paris [J]. Environmental chemistry, 2015, 12 (5): 592 – 599.

[19] ZIAJAHROMI S, NEALE P A, RINTOUL L, et al. Wastewater treatment plants as a pathway for microplastics: development of a new approach to sample wastewater-based microplastics [J]. Water research, 2017, 112: 93 – 99.

[20] JIANG J H, WANG X W, REN H Y, et al. Investigation and fate of microplastics in wastewater and sludge filter cake from a wastewater treatment plant in China [J]. Science of the total environment, 2020, 746: 1 – 9.

[21] HIDAYATURRAHMAN H, LEE T G. A study on characteristics of microplastic in wastewater of South Korea: identification, quantification, and fate of microplastics during treatment process [J]. Marine pollution bulletin, 2019, 146: 696 – 702.

[22] YUAN F, ZHAO H, SUN H B, et al. Investigation of microplastics in

sludge from five wastewater treatment plants in Nanjing, China [J]. Journal of environmental management, 2022, 301: 1 – 10.

[23] CARR S A, LIU J, TESORO A G. Transport and fate of microplastic particles in wastewater treatment plants [J]. Water research, 2016, 91: 174 – 182.

[24] TALVITIE J, MIKOLA A, KOISTINEN A, et al. Solutions to microplastic pollution: removal of microplastics from wastewater effluent with advanced wastewater treatment technologies [J]. Water research, 2017, 123: 401 – 407.

[25] MINTENIG S M, INT-VEEN I, LODER M G J, et al. Identification of microplastic in effluents of waste water treatment plants using focal plane array-based micro-Fourier-transform infrared imaging [J]. Water Research, 2017, 108 (1): 365 – 372.

[26] TALVITIE J, MIKOLA A, SETALA O, et al. How well is microlitter purified from wastewater? a detailed study on the stepwise removal of microlitter in a tertiary level wastewater treatment plant [J]. Water research, 2017, 109 (1): 164 – 172.

[27] TADSUWAN K, BABEL S. Microplastic abundance and removal via an ultrafiltration system coupled to a conventional municipal wastewater treatment plant in Thailand [J]. Journal of environmental chemical engineering, 2022, 10 (2): 1 – 8.

[28] GALAFASSI S, DI CESARE A, DI NARDO L, et al. Microplastic retention in small and medium municipal wastewater treatment plants and the role of the disinfection [J]. Environmental science and pollution research, 2022, 29 (7): 10535 – 10546.

[29] MASON S A, GARNEAU D, SUTTON R, et al. Microplastic pollution is widely detected in US municipal wastewater treatment plant effluent [J]. Environmental pollution, 2016, 218 (16): 1045 – 1054.

[30] AKARSU C, KUMBUR H, GOKDAG K, et al. Microplastics composition and load from three wastewater treatment plants discharging into Mersin Bay, north eastern Mediterranean Sea [J]. Marine pollution bulletin, 2020, 150: 1 – 13.

［31］ KELLY J J, LONDON M G, MCCORMICK A R, et al. Wastewater treatment alters microbial colonization of microplastics ［J］. PloS one, 2021, 16 （1）: 1 – 19.

［32］ GIES E A, LENOBLE J L, NOËL M, et al. Retention of microplastics in a major secondary wastewater treatment plant in Vancouver, Canada ［J］. Marine pollution bulletin, 2018, 133: 553 – 561.

［33］ MAGNI S, BINELLI A, PITTURA L, et al. The fate of microplastics in an Italian wastewater treatment plant ［J］. Science of the total environment, 2019, 652 （1）: 602 – 610.

［34］ DAI H H, GAO J F, WANG Z Q, et al. Behavior of nitrogen, phosphorus and antibiotic resistance genes under polyvinyl chloride microplastics pressures in an aerobic granular sludge system ［J］. Journal of cleaner production, 2020, 256: 1 – 10.

［35］ LI L, LIU D, SONG K, et al. Performance evaluation of MBR in treating microplastics polyvinylchloride contaminated polluted surface water ［J］. Marine pollution bulletin, 2020, 150: 1 – 6.

［36］ CARUSO G, PEDA C, CAPPELLO S, et al. Effects of microplastics on trophic parameters, abundance and metabolic activities of seawater and fish gut bacteria in mesocosm conditions ［J］. Environmental science and pollution research, 2018, 25 （30）: 30067 – 30083.

［37］ MAHON A M, O'CONNELL B, HEALY M G, et al. Microplastics in sewage sludge: effects of treatment ［J］. Environmental science & technology, 2017, 51 （2）: 810 – 818.

［38］ LIU H F, YANG X M, LIU G B, et al. Response of soil dissolved organic matter to microplastic addition in Chinese loess soil ［J］. Chemosphere, 2017, 185: 907 – 917.

［39］ KATAOKA T, NIHEI Y, KUDOU K, et al. Assessment of the sources and inflow processes of microplastics in the river environments of Japan ［J］. Environmental pollution, 2019, 244: 958 – 965.

［40］ WEI W, HUANG Q S, SUN J, et al. Revealing the mechanisms of polyethylene microplastics affecting anaerobic digestion of waste activated sludge ［J］. Environmental science & technology, 2019, 53 （16）:

9604 – 9613.

[41] WEI W, ZHANG Y T, HUANG Q S, et al. Polyethylene terephthalate microplastics affect hydrogen production from alkaline anaerobic fermentation of waste activated sludge through altering viability and activity of anaerobic microorganisms [J]. Water research, 2019, 163: 1 – 10.

[42] ENFRIN M, LEE J, LE-CLECH P, et al. Kinetic and mechanistic aspects of ultrafiltration membrane fouling by nano-and microplastics [J]. Journal of membrane science, 2020, 601: 1 – 9.

[43] 王博东, 薛文静, 吕永涛, 等. 微塑料对短流程膜工艺中膜污染的影响 [J]. 环境科学, 2019, 40 (11): 4996 – 5001.

[44] GOLGOLI M, KHIADANI M, SHAFIEIAN A, et al. Microplastics fouling and interaction with polymeric membranes: a review [J]. Chemosphere, 2021, 283: 1 – 17.

[45] SHEN M, ZENG Z T, LI L, et al. Microplastics act as an important protective umbrella for bacteria during water/wastewater disinfection [J]. Journal of cleaner production, 2021, 315: 1 – 11.

[46] LI X W, CHEN L B, MEI Q Q, et al. Microplastics in sewage sludge from the wastewater treatment plants in China [J]. Water research, 2018, 142: 75 – 85.

[47] MOHAJERANI A, KARABATAK B. Microplastics and pollutants in biosolids have contaminated agricultural soils: an analytical study and a proposal to cease the use of biosolids in farmlands and utilise them in sustainable bricks [J]. Waste management, 2020, 107: 252 – 265.

[48] EDO C, GONZALEZ-PLEITER M, LEGANES F, et al. Fate of microplastics in wastewater treatment plants and their environmental dispersion with effluent and sludge [J]. Environmental pollution, 2020, 259: 1 – 9.

[49] YANG Z Y, LI S X, MA S R, et al. Characteristics and removal efficiency of microplastics in sewage treatment plant of Xi'an City, northwest China [J]. Science of the total environment, 2021, 771: 1 – 7.

[50] VARDAR S, ONAY T T, DEMIREL B, et al. Evaluation of microplastics removal efficiency at a wastewater treatment plant discharging to the Sea of

Marmara ［J］. Environmental pollution, 2021, 289: 1 - 9.

［51］ PETROODY S S A, HASHEMI S H, VAN GESTEL C A M. Transport and accumulation of microplastics through wastewater treatment sludge processes ［J］. Chemosphere, 2021, 278: 1 - 9.

［52］ 邢薇, 刘梦瑶, 李頔, 等. 污水处理厂中微塑料的去除效能与全流程分析——以北京某下沉式三级污水处理厂为例 ［J］. 中国环境科学, 2021, 41 (3): 1140 - 1147.

［53］ XU Q J, GAO Y Y, XU L, et al. Investigation of the microplastics profile in sludge from China's largest water reclamation plant using a feasible isolation device ［J］. Journal of hazardous materials, 2020, 388: 1 - 8.

［54］ GOMEZ E F, MICHEL JR F C. Biodegradability of conventional and bio-based plastics and natural fiber composites during composting, anaerobic digestion and long-term soil incubation ［J］. Polymer degradation and stability, 2013, 98 (12): 2583 - 2591.

［55］ CIFUENTES I E M, ÖZTÜRK B. Exploring microbial consortia from various environments for plastic degradation ［J］. Methods in enzymology, 2021, 648: 47 - 69.

［56］ VITHANAGE M, RAMANAYAKA S, HASINTHARA S, et al. Compost as a carrier for microplastics and plastic-bound toxic metals into agroecosystems ［J］. Current opinion in environmental science & health, 2021, 24: 1 - 6.

［57］ ZAFAR U, HOULDEN A, ROBSON G D. Fungal communities associated with the biodegradation of polyester polyurethane buried under compost at different temperatures ［J］. Applied and environmental microbiology, 2013, 79 (23): 7313 - 7324.

［58］ GUI J X, SUN Y, WANG J L, et al. Microplastics in composting of rural domestic waste: abundance, characteristics, and release from the surface of macroplastics ［J］. Environmental pollution, 2021, 274: 1 - 9.

［59］ EL HAYANY B, EL FELS L, QUÉNÉA K, et al. Microplastics from lagooning sludge to composts as revealed by fluorescent staining-image analysis, Raman spectroscopy and pyrolysis-GC/MS ［J］. Journal of environmental management, 2020, 275: 1 - 9.

［60］ CHEN Z, ZHAO W Q, XING R Z, et al. Enhanced in situ biodegradation of microplastics in sewage sludge using hyperthermophilic composting technology [J]. Journal of hazardous materials, 2020, 384: 1 – 8.

[61] LI X Y, LIU H T, WANG L X, et al. Effects of typical sludge treatment on microplastics in China—characteristics, abundance and micro-morphological evidence [J]. Science of the total environment, 2022, 826: 1 – 8.

[62] YANG Z, LÜ F, ZHANG H, et al. Is incineration the terminator of plastics and microplastics? [J]. Journal of hazardous materials, 2021, 401: 1 – 9.

[63] SHEN M C, HU T, HUANG W, et al. Can incineration completely eliminate plastic wastes? an investigation of microplastics and heavy metals in the bottom ash and fly ash from an incineration plant [J]. Science of the total environment, 2021, 779: 1 – 12.

[64] JIAN M, RAO D, SUN W, et al. Occurrence characteristics of microplastics and heavy metals in pyrolysis incineration residues of small towns in Southern China [J]. Environmental chemistry, 2020, 39 (4): 1012 – 1023.

[65] RILLIG M C, ZIERSCH L, HEMPEL S. Microplastic transport in soil by earthworms [J]. Scientific reports, 2017, 7: 1 – 6.

[66] ZHOU Y J, WANG J X, ZOU M M, et al. Microplastics in soils: a review of methods, occurrence, fate, transport, ecological and environmental risks [J]. Science of the total environment, 2020, 748: 1 – 20.

[67] MAAβ S, DAPHI D, LEHMANN A, et al. Transport of microplastics by two collembolan species [J]. Environmental pollution, 2017, 225: 456 – 459.

[68] VAN DEN BERG P, HUERTA-LWANGA E, CORRADINI F, et al. Sewage sludge application as a vehicle for microplastics in eastern Spanish agricultural soils [J]. Environmental pollution, 2020, 261: 1 – 7.

[69] ALVIM C B, CASTELLUCCIO S, FERRER-POLONIO E, et al. Effect of polyethylene microplastics on activated sludge process accumulation in the sludge and influence on the process and on biomass characteristics [J]. Process safety and environmental protection, 2021, 148: 536 – 547.

［70］ ZHANG X L, CHEN J X, LI J. The removal of microplastics in the wastewater treatment process and their potential impact on anaerobic digestion due to pollutants association ［J］. Chemosphere, 2020, 251: 1 − 13.

［71］ WEI W, HUANG Q S, SUN J, et al. Polyvinyl chloride microplastics affect methane production from the anaerobic digestion of waste activated sludge through leaching toxic bisphenol-A ［J］. Environmental science & technology, 2019, 53 （5）: 2509 − 2517.

［72］ FENG Y, DUAN J L, SUN X D, et al. Insights on the inhibition of anaerobic digestion performances under short-term exposure of metal-doped nanoplastics via methanosarcina acetivorans ［J］. Environmental pollution, 2021, 275: 1 − 8.

［73］ ZHOU Y T, SUN Y, LIU J L, et al. Effects of microplastics on humification and fungal community during cow manure composting ［J］. Science of the total environment, 2022, 803: 1 − 10.

［74］ SUN Y, REN X N, RENE E R, et al. The degradation performance of different microplastics and their effect on microbial community during composting process ［J］. Bioresource technology, 2021, 332: 1 − 9.

［75］ SUN Y, REN X N, PAN J T, et al. Effect of microplastics on greenhouse gas and ammonia emissions during aerobic composting ［J］. Science of the total environment, 2020, 737: 1 − 7.

［76］ LU J X, QIU Y Z, MUHMOOD A, et al. Appraising co-composting efficiency of biodegradable plastic bags and food wastes: assessment microplastics morphology, greenhouse gas emissions, and changes in microbial community ［J］. Science of the total environment, 2023, 875: 1 − 13.

［77］ ZHANG Y T, WEI W, WANG C, et al. Microbial and physicochemical responses of anaerobic hydrogen-producing granular sludge to polyethylene micro（nano）plastics ［J］. Water research, 2022, 221: 1 − 9.

［78］ LWANGA E H, GERTSEN H, GOOREN H, et al. Microplastics in the terrestrial ecosystem: implications for lumbricus terrestris （oligochaeta, lumbricidae） ［J］. Environmental science & technology, 2016, 50 （5）: 2685 − 2691.

[79] ZHONG H Y, YANG S, ZHU L, et al. Effect of microplastics in sludge impacts on the vermicomposting [J]. Bioresource technology, 2021, 326: 1 – 8.

[80] JIANG X F, CHANG Y Q, ZHANG T, et al. Toxicological effects of polystyrene microplastics on earthworm (Eisenia fetida) [J]. Environmental pollution, 2020, 259: 1 – 8.

[81] LIAN J P, WU J N, ZEB A R, et al. Do polystyrene nanoplastics affect the toxicity of cadmium to wheat (Triticum aestivum L.)? [J]. Environmental pollution, 2020, 263: 1 – 9.

[82] YUAN W K, ZHOU Y F, LIU X N, et al. New perspective on the nanoplastics disrupting the reproduction of an endangered fern in artificial freshwater [J]. Environmental science & technology, 2019, 53 (21): 12715 – 12724.

[83] GIORGETTI L, SPANÒ C, MUCCIFORA S, et al. Exploring the interaction between polystyrene nanoplastics and allium cepa during germination: internalization in root cells, induction of toxicity and oxidative stress [J]. Plant physiology and biochemistry, 2020, 149: 170 – 177.

[84] KOYUNCUOGLU P, ERDEN G. Sampling, pre-treatment, and identification methods of microplastics in sewage sludge and their effects in agricultural soils: a review [J]. Environmental monitoring and assessment, 2021, 193 (4): 175.

第五章　固体废弃物处理过程中的微塑料

第一节　垃圾填埋和垃圾渗滤液中的微塑料

垃圾填埋是城市生活垃圾的重要处置方式之一，填埋过程中会有液体浸出，这部分液体被称为垃圾渗滤液，其数量取决于垃圾本身含有的水分、填埋环境等。研究表明，当垃圾自身的含水量为 47% 时，每吨垃圾可产生0.077 2 吨渗滤液。[1]而随着塑料产品的广泛使用，塑料垃圾在垃圾中含有很大比重。一项研究对粤港澳大湾区 2001—2017 年生活垃圾填埋场中垃圾物质组分进行分析，发现塑料垃圾的质量占比在 20% 以上。[2]填埋场已成为塑料垃圾的重要储存库之一。这些塑料垃圾会在填埋过程中释放微塑料，随着渗滤液进入周围环境中，从而造成次生环境污染。

一、垃圾渗滤液中微塑料的来源

垃圾渗滤液中微塑料的主要来源可以归结为两个方面：固体废物和污水处理厂残留物。固体废物的来源主要是被倾倒在垃圾填埋场的塑料垃圾。这些塑料垃圾在填埋场中会经历多次的研磨和老化，从而产生次级微塑料。此外，污水处理厂残留物也是微塑料的重要来源之一，包括污泥和油脂混合物。这些残留物在污水处理过程中可能截留并包含微塑料。经过垃圾填埋场处理，污泥和油脂混合物所含的微塑料会进入垃圾渗滤液（见图 5 - 1）。

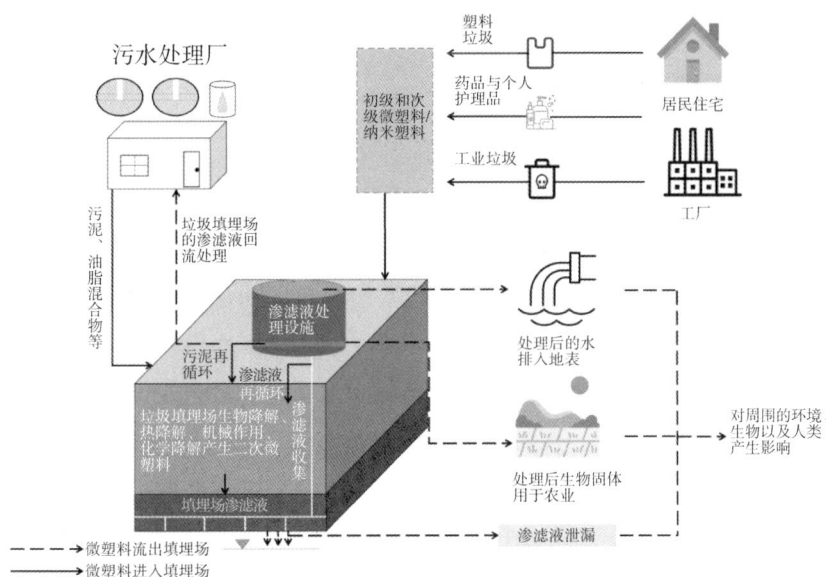

图 5 - 1　垃圾渗滤液中微塑料的来源和环境途径

　　通常情况下，在塑料产品的使用寿命结束时，最理想的处理方法是进行回收。然而，在全球范围内，仅 15% ~20% 的塑料垃圾通过传统技术进行有效回收，大约 21% ~ 42% 的塑料垃圾被送往垃圾填埋场。[3] 以美国为例，2018 年垃圾填埋场就接收了 2 700 万吨塑料垃圾。① 尽管有一些塑料产品被标注为"可生物降解"（意思为可在微生物的作用下老化和降解），但这些产品只有在专门设计用于聚合物分解的工业设施中进行堆肥处理时，才可能快速且完全被降解。因此，在垃圾填埋场中，只有部分塑料产品会通过生物降解去除。

　　所有的废弃物在垃圾填埋场中经历多个处理阶段，这些阶段包括初始的好氧生物降解、从好氧条件到厌氧条件的转变、酸的生成和水解、甲烷的产生以及最终的成熟和稳定。每个阶段都会加速塑料的断裂，并产生次级微塑料。此外，各种大规模的人类生产活动所产生的废物在垃圾填埋场进行处理时也会导致微塑料/纳米塑料的出现，例如洗发水、沐浴露、唇膏、防晒霜、口罩、眼影等个人护理品或其他人工生产的产品。处理这些产品的专用设施

————————————

① https://www. epa. gov/facts – and – figures – about – materialswaste – and – recycling/plastics – material – specific – data#PlasticsTableandGraph.

产生的废弃物也可能成为垃圾渗滤液中初级微塑料的来源。

二、渗滤液中微塑料含量

研究表明，污水处理厂原水的微塑料颗粒含量可达到 3 160 MPs/L，处理尾水则为 125 MPs/L，而经过脱水处理的污泥中含有 170 900 MPs/kg 的微塑料。[4] 在处理过程中和污泥沉淀期间，大部分微塑料被油脂混合物的絮凝物所捕集。在撇去浮沫的过程中，低密度的微塑料被困在油脂混合物中，而高密度的微塑料会随着污泥沉淀下来。约 60% ~ 99% 的废水微塑料会滞留在污水处理厂的污泥中。从管理和处理的角度来看，填埋是污泥处理的直接解决方案之一。一份报告指出，约 22% 的污泥最终会进入垃圾填埋场进行处理。同时，2019 年美国生产了约 475 万吨的干污泥。[①] 在污水处理过程中，大量的微塑料被保留在污泥中。因此，被填埋的污泥成为垃圾渗滤液中微塑料的主要来源。根据美国的报告数据，研究人员发现大约有浓度为 2.5×10^{12} MPs/g 的微塑料通过污水处理厂的污泥被运送到垃圾填埋场（基于 Rolsky 等的研究[5]）。因此，尽管污泥是污水处理厂中微塑料的汇集点，但它也是垃圾渗滤液中微塑料的重要来源。

在未经处理和经处理的垃圾渗滤液中均能够检测到微塑料。这些微塑料在未经处理的垃圾渗滤液中的浓度范围为 0 ~ 235.4 MPs/L，而在经处理的垃圾渗滤液中的浓度范围为 0 ~ 0.6 MPs/L（见表 5 - 1）。这种浓度的大幅变化可能是由采样方法、分析技术或渗滤液处理过程的差异所导致的。

表 5 - 1　全球范围内垃圾渗滤液中微塑料浓度处理前后变化

填埋场概况			微塑料浓度		
国家	填埋场位置	填埋废物类型	处理前浓度/（MPs/L）	处理后浓度/（MPs/L）	去除率/%
中国	上海、苏州、无锡、常州	MSW	0.42 ~ 24.58	—	—
中国	上海	MSW	4 ~ 13	—	—
中国	苏州	MSW	235.4 ± 17.1	0.4 ± 0.1	99.8

① https://www.epa.gov/biosolids/basicinformation-about-biosolids.

（续上表）

填埋场概况			微塑料浓度		
国家	填埋场位置	填埋废物类型	处理前浓度/ （MPs/L）	处理后浓度/ （MPs/L）	去除率/ %
中国	上海	MSW	1.2±0.57	0.6	50
印度尼西亚	茂物市	MSW	—	—	—
印度	金奈	MSW	2～80	—	—
法国	—	MSW、IW、SP	6	—	—
芬兰	图尔库、萨洛、拉赫蒂	MSW、IW	—	—	—
芬兰	东南地区	IW	0.3	0.32	3
芬兰	拉赫蒂	MSW、IW	1.97	0.03	99
挪威	Skedsmokorset	MSW、IW	1.3	0	100
挪威	Ask，Anonymous	MSW、IW	1～4	—	—
冰岛	法夫霍尔特	MSW、IW	0.2	0.06	76
冰岛	Alfsnes Fiflholt	MSW、IW	0～4.51	—	—

注：MSW 为城市固体废物；IW 为工业废物；SP 为特殊废物。

此外，垃圾填埋场中垃圾成分的复杂性对渗滤液中微塑料的浓度和组成有很大影响。废水中的微塑料浓度也存在显著变化。根据报告，未经处理的废水中的微塑料浓度在 1～3 169 MPs/L 之间变化，而经处理的废水中的微塑料浓度在 0.000 7～125 MPs/L 之间变化。[4]与未经处理和经处理的废水相比，未经处理和经处理的垃圾渗滤液中微塑料的含量较低。其中一个可能的原因是，垃圾填埋场中塑料和微塑料碎片的存在影响了比废水中的微塑料更小的微塑料/纳米塑料的浓度，而目前使用的方法没有检测到这一点，也没有在相应的报告中反映出来。

填埋年限或填埋状态也有可能会对渗滤液中微塑料的浓度产生影响。研究人员发现，较新的垃圾填埋场的平均微塑料浓度为 8～10 MPs/L，要高于较旧的垃圾填埋场渗滤液中的微塑料浓度（4 MPs/L）。[6]这种结果出现的原因可能与塑料使用量增长的趋势有关。从 2010 年到 2016 年，全球塑料垃圾产量增长了 26%，全球固体垃圾中塑料的含量增至 12%。塑料垃圾占填埋固体垃圾的比例为 2.95%～21.76%。因此，活跃的垃圾填埋场中塑料垃圾的比例比旧的或已经封闭的垃圾填埋场的比例要高。进入垃圾填埋场的塑料垃圾会在填埋过程中破碎，随着时间的推移产生次级微塑料，这些微塑料会渗入渗滤液中。然而，也有人认为，随着时间的推移，垃圾填埋场中聚合物的微生物分解可能是导致旧的垃圾填埋场渗滤液中微塑料浓度较低的另一个原因。[7]同时，目前研究中对微小颗粒的检测数据不足也可能是这一观察结果的部分原因。由于对垃圾渗滤液中微塑料粒径分析较为复杂，大多数渗滤液研究仅对粒径在50～5 000 μm范围内的微塑料进行分析，而几乎很少有对较小的微塑料或纳米塑料的分析。

　　不同国家的废物管理办法可能是影响渗滤液中微塑料浓度的另一个关键因素。东欧国家（波黑共和国）的平均微塑料浓度比北欧国家（芬兰、冰岛和挪威）高出约1 000倍，这可能是因为发达国家具有更为系统的废物管理办法，而像塞尔维亚、波黑共和国这样的发展中国家并没有完全按照适当的废物分类和管理办法来处理废物。[8]一项涉及35个欧洲国家的城市垃圾管理数据（基于2012年的数据库）的调查结果显示，塞尔维亚、波黑共和国的主要城市固体废物处理方法是填埋，固体废物回收率低。相比之下，冰岛、挪威和芬兰的固体废物回收率要远高于塞尔维亚、波黑共和国。除了回收，挪威的垃圾焚烧率是所有国家中最高的。而北欧国家（芬兰、冰岛和挪威）的堆肥处理也高于东南欧国家（塞尔维亚、波斯尼亚和黑塞哥维那）。另外一份报告提到，塞尔维亚的城市垃圾回收率下降幅度是欧洲最大的，该国目前的回收率仅为0.4%。这些情况都可以归因为国家之间不同的废物管理办法。

三、微塑料聚合物类别

　　在不同垃圾填埋场的渗滤液中，已经检测到超过28种聚合物。在所有类型的聚合物中，低密度聚乙烯（LDPE）、高密度聚乙烯（HDPE）、聚苯乙烯（PS）、聚丙烯（PP）、聚氯乙烯（PVC）和聚对苯二甲酸乙二醇酯（PET）是全球垃圾渗滤液中含量较高的微塑料聚合物。这些聚合物在垃圾填埋场渗滤液中普遍存在，并且可能是导致微塑料浓度增加的重要因素。

　　聚合物的成分与其在现代人类生活生产过程中的应用直接相关。上述提到的聚合物由于其具有相比其他聚合物更独特的性能和成本效益，在各种一次性以及短期使用时限的产品中得到了广泛应用，例如购物袋（PE）、水瓶

（PET）、一次性饮用杯（PS）等。而 PVC 由于其高度的灵活性，被广泛应用于建筑、防水、医疗设备、服装、玩具和运动用品等不同行业。垃圾渗滤液中的聚合物成分与废水中的聚合物成分相似。废水中最常见的微塑料成分包括聚酯纤维（PES，占 60% ~96%）、聚酰胺（PA，占 3% ~20%）、聚乙烯（PE，占 64% ~78%）、聚丙烯（PP，占 20% ~100%）、聚苯乙烯（PS，占 12% ~80%）。除此之外，还有其他聚合物，如醇酸树脂和丙烯酸。这些微塑料通常源于人们的生活。例如，在洗涤过程中，合成衣物会释放 PES 和 PA，洗面奶和沐浴露的使用会产生 PE 和 PP，而包装薄膜和水瓶中则含有 PE，洗车过程和化妆品的使用可能产生 PP。[9] 这些在人们日常生活中的行为也是导致垃圾渗滤液中聚合物浓度增加的重要原因之一。

垃圾渗滤液中的聚合物类型可能取决于不同区域城市固体废物（MSW）成分的差异和垃圾填埋场的条件（新/旧、活跃/封闭）。渗滤液中的聚合物成分直接反映了当前塑料制品生产消耗的模式。此外，渗滤液中即将出现的微塑料污染也可以从塑料聚合物的日常使用中预测出来。研究人员比较了不同使用时间的垃圾填埋场产生的渗滤液中的微塑料。[6] 与 PE 和 PP 不同，更早投入使用的垃圾填埋场中的聚醚氨酯（PEUR）要比较晚投入使用的垃圾填埋场中的含量更多。相比之下，在旧垃圾填埋场渗滤液的样本中，PEUR 未被检测到，这可能暗示着各种塑料产品的应用领域和寿命随着时间而发生变化。由于具有良好的力学性能，PEUR 使用量每年都在增加。PEUR 主要用于运输和建筑行业，与 PE 和 PET 等传统包装聚合物的寿命（0.5 年）相比，其使用寿命更长（可达 35 年）。

聚合物的成分可影响微塑料在渗滤液处理过程中的结果。例如，密度较高的聚合物在污泥中积累的概率更高，而密度较低的聚合物则更容易与处理尾水一起排放；与 PE（1 g/cm³）相比，由于 PES 的密度（1.37 g/cm³）更高，因此可能会有更多的 PES 在渗滤液污泥中发生沉淀。此外，聚合物的类型对于评估不同处理方法对微塑料去除效率的影响也至关重要。例如，颗粒活性炭（GAC）吸附去除微塑料过程中，由于 GAC 本身为非极性物质，因此，能够成功地将非极性微塑料，如 PE 和 PP，吸附并去除。然而，当渗滤液中微塑料成分过于复杂时，便会对其去除效率产生影响。[10] 关于聚合物成分在渗滤液处理过程中与微塑料的变化、迁移和去除效率之间的关系的研究较少，因此，仍需要对渗滤液处理系统中微塑料的变化进行分析研究，以确认其与聚合物成分的相关性。

四、微塑料形状

在渗滤液鉴定中微塑料的形态也主要包括纤维状、碎片状、薄片状和颗粒状。在全球范围内渗滤液中微塑料形状占比最高的两类是纤维状和碎片状，这可能是因为纤维状和碎片状微塑料更容易随着雨水渗入垃圾填埋场的渗滤液。其中，由于纤维状微塑料尺寸小，其更容易穿透层层垃圾，最终进入渗滤液，因此其成为渗滤液中最多的微塑料。[11]

当我们观察微塑料的形状时，可以追溯到它们原来的塑料产品的来源。不同形状的微塑料与特定塑料制品相关联。例如，薄膜状微塑料的来源通常是塑料袋包装。因为塑料袋薄且透明，所以在阳光下容易破裂。颗粒状和球体状微塑料主要来自塑料容器、水瓶、微小塑料球或食品储存容器。微塑料的形状还可以表明塑料是一次塑料还是经过回收利用的二次塑料。许多在渗滤液中发现的微塑料呈现出不规则形状，具有粗糙的结构和边缘[6,12]，这表明它们是由塑料碎片经过破碎过程形成的次级微塑料。此外，微塑料的形状还可以提供有关微塑料来源位置的线索。例如，树脂颗粒可能主要存在于工业区附近的微塑料中，而碎片和泡沫可能在渔港附近浓度较高。[13]通过观察和分析微塑料的形状，我们可以了解塑料制品的来源以及微塑料在环境中的分布情况。

几乎所有地区的研究都显示，垃圾填埋场渗滤液中的微塑料具有不规则的形状和粗糙的表面纹理。这种不规则形状和粗糙表面的形成主要是塑料制品在垃圾填埋场环境中破碎所致的。[8,14]微塑料表面纹理的特征被认为是衡量其对环境可能构成威胁的一个重要因素。粗糙表面可能会增加对重金属和有机物等污染物的吸附，进而增加渗滤液处理过程中的环境风险。同样，微塑料表面的粗糙度也会影响不同处理方法对微塑料的去除效率。例如，在光滑表面上，纤维状和颗粒状微塑料相对较难被机械方法所捕捉。然而，具有弯曲表面纹理和扭曲形态的微塑料碎片和颗粒则更容易被捕获。通过了解微塑料的表面特征，我们可以更好地评估其在环境中的行为和潜在影响。

五、微塑料尺寸

微塑料尺寸是指微塑料颗粒结构的最大长度，它是微塑料最关键的特征之一，直接影响其对人类和环境的潜在危害。经过检测，渗滤液中微塑料的尺寸从 20 μm 到 5 000 μm 不等。然而，尺寸的测定方法可能会对结果产生重要影响。例如，如果在取样过程中使用较大的筛网，那么较小的微塑料颗粒可能会被漏掉。为了获得完善的微塑料颗粒分布情况，应该要考虑研究如何提取更大尺寸范围（1 μm 至 5 000 μm）的微塑料颗粒。此外，为了正确比较不同研究的结果，我们需要明确并遵循微塑料尺寸定义，并建立标准化的采样和提取办法。[15]通过统一的标准和方法，我们可以更准确地评估微塑料的存在和分布，并进一步了解其对环境和生态系统的潜在影响。

研究表明，垃圾渗滤液中的微塑料数量随着颗粒尺寸的减小而增加。研究人员发现，样本中约 75% 的微塑料尺寸在 100 μm 至 1 000 μm 之间，约 20% 的微塑料尺寸在 1 000 μm 至 5 000 μm 之间，而仅约 5% 的微塑料尺寸大于 5 000 μm。[12]类似的结果也在其他研究中得到了证实，比如对印度南部城市固体废物倾倒场附近地下水中微塑料浓度的评估。[16]这是由于在填埋过程中，塑料制品破碎产生微塑料，并随着雨水一起渗入渗滤液中。较小的微塑料更容易在渗滤液中积聚，而较大的微塑料则更多地被遗留在垃圾填埋场的固体中。

Su 等通过比较垃圾填埋场的垃圾和渗滤液中微塑料的存在情况证实了这一事实，并确定渗滤液中微塑料的尺寸为 0.83 μm，而填埋垃圾中微塑料尺寸为 4.97 μm，两者对比可以发现，渗滤液中微塑料的尺寸要远小于填埋垃圾中微塑料的尺寸。[6]微塑料的尺寸是一个影响因素，它可以影响不同处理单元对微塑料的去除效率。处理过程中发生的碎片化现象会将一个较大的微塑料颗粒分解为多个较小的微塑料颗粒，这可能导致处理过程中微塑料浓度上升。例如，未经处理的渗滤液中微塑料的浓度为 235.4 ± 17.1 MPs/L，经过膜生物反应器处理后浓度增加了近 150 倍。[14]同样，在污水处理厂中也观察到类似的结果。进水中尺寸范围在 20 μm 至 100 μm 之间的微塑料约占 45%，而经过初步处理后，该尺寸范围内的微塑料浓度达到 70%。因此，根据渗滤液处理过程中微塑料的尺寸分布，我们可以评估特定处理方法是否能够有效去除微塑料。

六、微塑料颜色

微塑料颜色取决于其原来的塑料产品的颜色和寿命。例如，透明纤维可能来自鱼线或渔网的破碎，而有色颗粒更可能来自常用塑料商品的破碎，如纺织品和包装产品。

　　然而，随着时间的推移，在风化作用的影响下，微塑料的颜色会发生变化。尽管颜色是一个常被忽视的特征，并且在研究中得到的明确定义很少，但微塑料的颜色可以提供关于固体废物组成和破碎过程持续时间的重要线索。白色塑料占主导地位间接表明了长期在场地内发生的降解过程，将其他颜色成分转化为白色。高浓度的透明和黄色的微塑料表明，大多数颗粒存在于垃圾填埋系统中很长时间，经历了较长时间的老化过程。[14]黄色也可能表明样本中有机物质的含量较高。研究还发现，透明和黄色颗粒占了检测到的微塑料的绝大部分，而其他颜色的颗粒比例较少。[14]在流动水体中，与垃圾渗滤液相比，有色微塑料（白色、黄色、绿色、红色、橙色、蓝色、黑色和灰色）占主导地位，占50.4%～86.9%。这种差异可能是微塑料在垃圾渗滤液和流动水中的停留时间不同所致的。随着微塑料在垃圾填埋场内停留和破碎的时间更长，聚合物的原初颜色会因风化作用而改变。微塑料的颜色也与其对生物群的威胁程度有关。例如，浮游生物、鱼类和其他生物可能会摄入更多的白色微塑料，因为它们可能会将其误认为食物。因此，为了更好地了解垃圾渗滤液中微塑料的潜在危害，我们需要对微塑料的颜色进行更多的分析。

七、垃圾渗滤液处理设施中微塑料的去除

　　如果管理不当，垃圾渗滤液中的微塑料会对周围环境造成污染。研究人员测量了渗滤液排放前后接收河流中微塑料的浓度，发现渗滤液排放后，河流中微塑料的含量增加了约三倍。[17]因此，我们需要进行严格的微塑料去除管理，以减少垃圾渗滤液中微塑料向环境中释放的风险。尽管目前有研究表明传统的渗滤液处理工艺对微塑料具有良好的去除效果，但是目前渗滤液处理设施并不是专门为解决微塑料污染而设计的。[14]

　　根据不同的处理技术，垃圾渗滤液通常采用生物、物理或化学方法来进行处理。常见的处理方法包括土壤床过滤、曝气、序批式反应器、膜生物反应器、氧化、混凝/絮凝、活性炭、汽提、蒸发和反渗透。此外，垃圾填埋场渗滤液的再循环和将渗滤液转移到废水处理厂进行处理也适用。[8]根据处理技术的不同，渗滤液中微塑料的去除效率从3%到100%不等（见表5-1）。[14]

1. 生物处理

　　生物处理是一种被广泛应用于处理渗滤液的方法，其可靠性高、成本低、

操作简单，因此备受青睐。生物处理法，如利用生物絮凝体的活性污泥法，可以通过微生物摄入微塑料从而对其降解，这一过程体现了生物处理法具有降解渗滤液中微塑料的能力。垃圾渗滤液在经过 SBR 处理之后，其微塑料去除效率达到近 100%。在 SBR 中，高密度的微塑料可与生物团聚形成沉淀，从而降低渗滤液中微塑料的含量。MBR 是另一种用于处理垃圾渗滤液的生物方法。一个研究分析了 MBR 与缺氧/好氧工艺法（AO）水处理过程中微塑料的去向。[11]他们指出，经过 MBR 和 AO 的处理，微塑料的去除效率分别为50% 和 20%。在 MBR 中，由于微塑料在处理系统中有积累效益，系统中微塑料浓度升高。研究发现与未经处理的渗滤液样品相比，MBR 出水中微塑料含量增加了 150 倍。[14]相应地，当微塑料被 MBR 捕获时，MBR 系统的出水样品中微塑料的含量显著减少，这表明 MBR 系统具有较高的微塑料去除率。值得注意的是，未经处理的渗滤液中存在的微塑料可能加剧 MBR 系统堵塞的情况。这表明微塑料可能对 MBR 系统的运行产生负面影响。[18]

　　垃圾渗滤液中的聚合物可以通过微生物的分解来去除微塑料。不同的细菌，如蜡样芽孢杆菌、Cytobacilus gottheilii 芽孢杆菌、粪产碱杆菌、解淀粉芽孢杆菌、短芽孢杆菌、蓝细菌、螺鱼鱼腥藻，微藻如绿色微藻 Scenedesmus dimorphus、蓝绿藻 Anabaena spiroides 和硅藻 Navicula pupula，以及其他的微生物如 Agios 群落、Souda 群落、Penicillium Roquefort 等，均被证明能以 PE、PS、PET 和 PP 等聚合物为营养来源，摄取和降解微塑料，从而达到去除微塑料的目的。[19,20]利用微生物进行渗滤液中微塑料/纳米塑料的降解，是相对经济安全的方法。然而，该方法的去除率取决于微生物和目标聚合物之间的接触时间和适应性。

　　2. 物理处理

　　物理处理方法，如过滤和沉淀，可用于去除渗滤液中的微塑料。常用的物理分离技术包括微滤（孔径 0.1 ~ 10 μm）、超滤（孔径 10 nm ~ 0.1 μm）和纳滤（孔径 1 ~ 10 nm）。这些过滤系统可以根据微塑料的大小将其从渗滤液中分离出来。另外，反渗透（孔径 0.1 ~ 1 nm）的孔径更小，多项研究提到了反渗透对垃圾渗滤液中微塑料的去除能力[8,14]，有研究分析了经过纳滤和反渗透处理的渗滤液样品，发现微塑料的去除率接近 99%。此外，Zhang 等报道了超滤技术能够高效去除微塑料。[11]然而，他们发现纳滤和反渗透对渗滤液中微塑料的去除效果不佳。这两项研究中，渗滤液首先经膜生物反应器处理，然后进行深度分离。需要注意的是，在膜过滤过程中，微塑料可能会破碎成纳米颗粒，从而导致膜的磨损和结垢。[21] 在渗滤液处理中，土壤和砂床过滤方法能够有效去除渗滤液中的微塑料。这种方法对微塑料的去除率取决于过滤介质的孔径。快速砂滤的原理是将渗滤液通过无烟煤、二氧化硅和砾石三个砂层，将悬浮固体截留下来。[22]

3. 化学处理

混凝/絮凝和化学氧化是用于从水样中分离和去除悬浮固体的潜在化学方法。尽管混凝/絮凝的主要目标可能不是针对微塑料的分离，但它仍然可以从渗滤液样品中去除微塑料。多个报告表明，混凝/絮凝对垃圾渗滤液中微塑料的去除率很高。[23] 在混凝/絮凝过程中，常用的混凝剂包括聚丙烯酰胺（PAM）、铁基盐和铝基盐，如 $FeCl_3 \cdot 6H_2O$。这些混凝剂的作用是通过形成更大的团簇来去除微塑料，从而使微塑料被捕获并将其从水中去除。

尽管使用化学絮凝剂可能会降低渗滤液处理系统的效率，但电凝是一种有效去除进水中微塑料的工艺。电凝过程中，金属离子（如 Fe^{2+} 和 Al^{3+}）从电极中释放出来，与氢氧化物反应形成金属氢氧化物混凝剂，并生成用于吸附微塑料的污泥层。[24] 这种方法在污水处理厂中得到广泛应用，几乎可以去除90%的微塑料。

除了混凝/絮凝外，其他的一些化学处理方法也能去除渗滤液中的微塑料。例如，电化学氧化［包括次氯酸根（ClO^-）、臭氧（O_3）或过氧化氢］和高级氧化工艺（如 O_3/过氧化氢、紫外线/超声波、O_3/紫外线、过氧化氢/紫外线、过氧化氢/超声波等组合），可用来降解微塑料，破坏不同聚合物的链结构。此外，氯化、臭氧化和紫外线照射等消毒过程也能将微塑料分解为更小的尺寸，甚至生成纳米塑料。[25] 然而，渗滤液中的微塑料可能会吸附消毒剂或保护细菌免受消毒剂的攻击，从而降低消毒过程的效率。[22]

第二节 垃圾焚烧过程中的微塑料

焚烧是另一种垃圾处理方法。焚烧相较于填埋法，具有占地面积小、处理规模大、处理周期短等优点。同时，垃圾焚烧是循环经济的重要组成部分，焚烧产生的热能可回收利用，在固体废物处理中占有重要位置，在发达国家和发展中国家的固体废物处理系统中都占很大比例。有资料显示，从1950年到 2015 年，全球累计产生了约 58 亿吨塑料垃圾，其中 8 亿吨塑料垃圾通过焚烧消除，1 亿吨被回收，4.9 亿吨被填埋或丢弃。[26]中国有约 28% 的塑料垃圾被焚烧处理。人们普遍认为，乱扔垃圾和随意倾倒垃圾等固体废物管理不善的行为是塑料废物进入环境的主要来源[27]，而填埋、焚烧等废物处理系统可以消除微塑料，减少其环境风险。但有研究人员发现，焚烧并不是塑料的终结者，在垃圾焚烧产生的底灰中发现了丰度为 1.9～565 MPs/kg 的微塑料，同时在底灰中发现的微塑料具有各种聚合物类型和形状。[28]此外，在微塑料表面发现了铜、铅、锌、镉等重金属，这些金属元素有可能会随着底灰进入环境中，从而对人类产生危害。在另一项研究中，对中国南方小城镇的生活垃圾焚烧厂底灰的微塑料进行了调查，发现其微塑料的含量达到了 131～176 MPs/kg（干污泥），形态以碎片为主，灰渣中的微塑料丰度均显著高于对应环境土壤中的微塑料丰度，而受灰渣直接影响的灰渣土中的微塑料丰度显著高于其他表土。[29]这些案例表明，塑料垃圾并没有在焚烧以后被完全消除，而是转化为了细小的微塑料颗粒，可能还存在潜在的环境危害。

一、浓度水平

通过对中国十余个垃圾焚烧厂的调查，研究人员发现垃圾焚烧炉底灰中微塑料的平均浓度为 125 ± 180 MPs/kg。通过流化床焚烧处理后的底灰其微塑料浓度为 84 ± 167 MPs/kg，与垃圾焚烧炉相比，通过流化床处理后的底灰中含有更少量的微塑料，但差距并不是很大。与此同时，研究人员还观察到经过废物源分离后的垃圾焚烧厂进行焚烧处理后产生的底灰中微塑料的浓度要明显高于没有经过废物源分离的垃圾焚烧厂。

研究人员认为，在不同燃烧条件下，微塑料的生成情况存在差异，而这种差异受到流化床结构的影响。流化床内气体的均匀分布有助于实现废物与床材料（如硅砂、石灰石、氧化铝、陶瓷材料等）的良好混合，从而提高了传热效率和接触概率。[30]同时，与燃烧锅炉的底灰相比，流化床底灰的烧失量较低。烧失量是指在 105～110 ℃ 的温度范围内将原料烘干，原料失去外部水分后，在一定高温条件下经过足够长时间燃烧后失去的质量占原始样品质量的百分比。此外，床材料的密度约为 1.5 g/mL，比大多数塑料垃圾（0.8～1.4 g/mL）密度更大。因此，密度较低的塑料垃圾在炉内循环并持续燃烧，有效提高了燃烧效率，从而导致流化床底灰中微塑料含量较少。

由于厨余垃圾的含水量高（68.0 ± 5.8%），其低热值（LHV）为 14.59 ± 1.55 MJ/kg，而被其他湿材料污染的塑料垃圾和纸张的低热值（分别为 31.51 ± 2.02 MJ/kg 和 15.52 ± 1.14 MJ/kg）更高。[31] 在源头分离的情况下，食物残渣的比例从64%下降到13%，而污染程度较低的塑料和纸张的比例从28%上升到38%。从这些数据可以得出结论，通过废物源的分离，城市固体废物的热值增加，使得焚烧过程更加充分，并且底灰中微塑料的含量也更少。

焚烧通常被用于处理人均 GDP 较低地区的废物，但在这些地区的焚烧厂的底灰中仍然存在大量微塑料残留，微塑料的产生量可能受到焚烧厂所接受的废物特性的影响。某地焚烧炉接收的垃圾包括建筑和拆除垃圾，如塑料管、壁纸和木材。[28] 用于建筑的塑料由于含有阻燃剂而难以燃烧，其底灰中含有大量的微塑料。通常情况下，随着收入水平的提高，食物浪费的比例会下降，高收入地区消费的商品中包含的塑料比低收入地区更多。

与其他方法处理后残留物中的微塑料相比，焚烧炉底灰中的微塑料显得要少得多。有研究人员发现，底灰中微塑料的浓度比污泥中的低100到1 000倍[32]，比垃圾中的要低100到10 000倍。因此焚烧确实可以有效去除微塑料。但与其他被微塑料污染的土壤基质相比，底灰中微塑料的浓度要显著高于农田土壤。因此，城市生活垃圾焚烧炉产生的底灰是环境中微塑料的潜在来源之一。尽管如此，我们不能否认垃圾焚烧产生的底灰中微塑料的含量较少，焚烧仍然是有效处理固体废物和微塑料的方法之一。

二、底灰中的微塑料种类

底灰中微塑料的种类多种多样，其中最主要的是 PE 和 PP。塑料垃圾的主要来源是包装塑料袋，而常用的包装塑料袋多为 PE 制成，因此在底灰中检测出的微塑料主要是 PE。在未进行废物源分离的燃烧炉的样品中，微塑料的主要类别为 PP 和 PS。PS 主要用于包装和建筑材料，样品中 PS 的含量可能与输入废物中是否存在未分离的建筑废物有关。此外，PS 是生物垃圾消化物中微塑料的主要类型。与包装和建筑垃圾相比，生物垃圾更容易与其他垃圾混合。在大多数情况下，城市固体废物的来源非常复杂，很难实现真正的分离。所以即使在源头分离区，各种废物也会被放在一起焚烧或与其他固体废物一起处理。[28] 而对于来自具有源分离的燃烧炉的样品中，PE 占微塑料成分的比例最高，其次是 PET 和 PES。大多数情况下，废弃纺织品（纤维产品）会与其他固体废物一起处理，如焚烧等，即使在废物源头分离区也是如此，这是底灰中 PET/PES 的主要来源。

除此之外，也检测到其他种类的微塑料，如 PA、PVC 等。PA 是使用最广泛的材料之一，通常用于制造蚊帐、衣服和帐篷。PVC 与 PE、PP 一样，广泛用于人们的日常生活中，由于其具有良好的耐磨性和可塑性，它们通常被用作工业原料，并用于制造塑料瓶、塑料袋和容器。

三、底灰中微塑料尺寸、形状和颜色

不同的燃烧设备产生的微塑料的尺寸也存在较大差别。来自燃烧炉底灰的微塑料尺寸从 95 μm 到 15 mm 不等，而来自流化床底灰的微塑料尺寸从 0.3 mm 到 6 mm 不等。具体来看，尺寸大于 5 mm 的塑料大约占全部微塑料含量的 8%。底灰中微塑料的尺寸主要为 50 μm ~ 0.5 mm 和 0.5 ~ 1 mm，分别占 48% 和 26%，在这两者范围内，微塑料的浓度随着尺寸的减小而增加，这表明底灰中未燃烧的塑料碎片发生碎裂形成微塑料。其中小粒径（< 1 mm）的微塑料很容易在底灰的颗粒间隙中混合。焚烧产生的底灰中的微塑料或未完全燃烧的塑料碎片由于颗粒尺寸小，更有可能混合在灰烬中。如果处理不当，微塑料很容易与雨水或地表径流混合，进入水土环境，从而造成次生污染。[33]

微塑料的形状分为纤维状、碎片状、薄片状和颗粒状 4 种。底灰中微塑料的主要类型是颗粒状，占 43%，其次是碎片状和纤维状，分别占 34% 和 18%。颗粒状的微塑料主要由 PP 组成，而碎片状的微塑料主要由 PE 和 PS 组成，这可能是因为包装袋的大量使用所造成的。PET 和 PES 占全球纤维状塑料的 70% [26]，这使得它们成为底灰中主要的纤维状微塑料。与从垃圾渗滤液中提取的微塑料类似，底灰中的颗粒状和碎片状微塑料具有不规则的形状和粗糙的边缘[12]，这也意味着底灰中剩余的塑料碎片可能会逐渐破碎形成微塑料。

研究人员还对样品中检测到的微塑料的颜色进行了分析研究。根据他们的观察，微塑料主要分为透明（无色）、黑色、白色、红色和其他颜色五类，将这些样品的结果与土壤中微塑料的颜色进行对比分析。粉煤灰中黑色和红色微塑料含量最高，粉煤灰中未发现白色微塑料。底灰、粉煤灰和土壤中不同颜色（微）塑料的总比例分别为：透明（无色）（21.3%、18%、31.2%）、黑色（27%、27%、12.7%）、白色（32%、0%、32%）、红色（15%、32.7%、18.7%）和其他颜色（4.7%、22.3%、5.4%）。此外，塑料破碎后形成的塑料片也有不同的颜色。有色微塑料的存在可能源于较大的有色塑料制品的分解。在现代生活中，塑料在各种产品中扮演着重要角色，着色是提高塑料产品市场吸引力的常用手段。红色、黑色和透明（无色）的塑料制品被广泛应用于我们的日常生活中。例如，垃圾袋通常是黑色或红色，而一次性塑料袋主要是白色或透明（无色）。这些塑料袋在日常垃圾中占据很大比例，因此在样品中观察到较多数量的有色微塑料。[34]

四、微塑料表面的元素分析

研究人员对微塑料表面吸附的元素进行了分析，结果显示，大多数微塑料表面含有 C、S、O、Cl 和 Si 等元素。此外，不同形状的微塑料对重金属的亲和力和吸附能力也存在差异。碎片状微塑料表面吸附的主要金属元素为 Cu、Zn、Cr、Pb、Fe、Cd 等，发泡状微塑料表面吸附的金属元素为 Zn、Fe、Pb、Mn、Cr 等，纤维状微塑料上的主要金属是 Cr、Fe、Zn、Cu、Pb、Cd 等，薄膜状微塑料上的金属是 Cu、Fe、Al、Cr、Mn 等。[34]碳元素源于 $CaCO_3$，$CaCO_3$ 在自然界中是动物骨架和外壳的主要成分，同时在工业上也是将塑料从聚合物转化为填料的添加剂。当 $CaCO_3$ 与微塑料一起燃烧时，它会附着在（微）塑料的表面。铝和硅则以氧化物（Al_2O_3 和 SiO_2）的形式存在。Al_2O_3 在日常生活中经常用于制造绝缘材料和耐火材料，SiO_2 主要用于制造玻璃、耐火材料、陶器和水泥。[35]这些物质不可避免地会混入城市固体废物中，并与这些废物一起被送往焚烧厂。微塑料表面重金属元素（Cu、Cr、Cd、Pb、Mn 和 Zn）的存在，表明城市固体废物中可能混合了废电池，这些电池可能混合在燃烧的灰烬中。此外，微塑料表面的重金属也可能来自塑料聚合物本身，因为一些金属及其盐（Zn、Cd 和 Cr）被用作塑料的热稳定剂、着色剂和填料。如果对含有重金属和微塑料的底灰处理不当，可能会造成严重的复合污染。

此外，一些研究人员认为微塑料可能是环境中重金属的携带者。[36]它们会携带重金属并将其释放到环境中，对生物体产生毒害作用。因此，需要关注渗滤液中重金属和微塑料之间的相互作用。[34]

五、不同的固体废物处理方式对微塑料特征的影响

根据第五章第一节的结论，垃圾渗滤液中的微塑料主要形状为纤维状和碎片状。[6]这表明底灰中的微塑料与垃圾填埋场和堆肥中的微塑料明显不同，可能是因为平面薄膜和碎片比颗粒更容易被燃烧破坏。此外，其他形状的塑料制品表面部分熔化成块状，阻碍内部热传递，这可能有助于它们留在灰烬中。小颗粒具有更大的表面积，因此与空气的接触更大，并且比大颗粒具有更好的传热效率。因此，小颗粒的比例反而较低。然而，底灰中微塑料的丰度随着尺寸的减小而增加，这与垃圾填埋场中渗滤液微塑料浓度变化的规律结果一致。这可能是研究人员在运输样品的过程中与底灰碰撞从而导致塑料碎片碎裂。

与垃圾渗滤液中的微塑料相比，垃圾焚烧所产生的底灰中 PP 的含量更高。PP 因其比 PE 和 PS 具有更好的耐热性而被广泛用于微波加热中使用的食品包装。含有阻燃剂等添加剂的 PP 也被广泛用于电子、建筑和运输等行业。[37]此外，PP 相比于 PE 具有更高的熔点和熔体流动指数，这可能导致在燃烧过程中 PP 废物熔化并附着在有机废物上，从而阻碍了其充分燃烧。底灰中 PS 的比例也高于垃圾填埋场渗滤液中的比例。这是因为当 PS 用于管道和建筑材料时，添加了阻燃剂，提高了产品的点火温度，使其难以燃烧，从而导致底灰中 PS 的含量较高。

六、底灰中微塑料的环境风险评估

值得注意的是，在底灰中微塑料对周围环境的风险方面，目前研究较少。已有的研究通过浸出实验评估了底灰中重金属和多环芳烃的环境风险。[38]尽管研究人员已经从海洋大气中收集到未燃烧的黑色碎片状微塑料，但这可能是因为沿海地区重新利用了垃圾焚烧所产生的底灰。[39]许多研究将经过焚烧、卫生填埋和回收处理的塑料垃圾归类为处理得当的垃圾[27]，但它们忽视了这些处理或处置方法可能导致微塑料释放到环境中的问题。

考虑到城市生活垃圾焚烧的相关规定，中国将城市生活垃圾焚化炉底灰的残留率限制在 5% 以内。在欧洲国家，底灰的残留率也保持在低于 5% 的水平，而在美国，它被控制在 3%～5% 之间。因此，只要残留率不为零，无论焚烧炉的管理是否得当，底灰中都可能含有未完全燃烧的残留物，其中可能

含有微塑料。有研究发现，每吨废物经焚烧后产生的底灰中含有 360 ~ 102 000 个微塑料颗粒。此外，他们还估计了堆肥过程中微塑料的含量。例如，在德国，将 1 200 万吨生物废物转化为 500 多万吨堆肥，每千克堆肥保守地含有约 50% 的干重含量，每千克干重含有 14 ~ 895 个微塑料颗粒。[40] 最新研究表明，污泥堆肥中微塑料的丰度在每公斤 150 ~ 410 个微塑料颗粒的范围内[41]，这一发现与之前的研究结果一致。[40] 因此，每吨生物废物可能产生 2 900 ~ 186 000 个微塑料颗粒。

相比于垃圾堆肥和污水处理厂产出的污泥中含有的微塑料颗粒的浓度，垃圾焚烧产生的微塑料丰度相对较低。在全球范围内，固体废弃物的最终归趋，焚烧垃圾的比例远高于堆肥垃圾的比例。据估计，中国大陆垃圾焚烧每年产生的微塑料数量在 367.2 亿至 10.37 万亿之间，比用作肥料的污泥的微塑料浓度约低了 90%。[42] 此外，中国大陆每年从废水处理厂向地表水中释放 20.5 ~ 1 000.3 万亿个微塑料颗粒[43]，要比底灰中所含微塑料高出约 100 倍。美国每年排放到水生环境的微塑料数量（1.1 万亿 ~ 8.4 万亿）也接近底灰中的微塑料数量。因此，底灰中的微塑料对于环境的风险不可小觑。

参考文献

[1] 赖娟. 城市垃圾渗滤液对土壤—植物系统的影响研究 [D]. 重庆：西南大学，2008.

[2] 马仕君，周传斌，杨光，等. 城市生活垃圾填埋场的物质存量特征及其环境影响：以粤港澳大湾区为例 [J]. 环境科学，2019，40 (12)：5593 - 5603.

[3] NIZZETTO L, FUTTER M, LANGAAS S. Are agricultural soils dumps for microplastics of urban origin? [J]. Environmental science & technology, 2016, 50 (20): 10777 - 10779.

[4] GATIDOU G, ARVANITI O S, STASINAKIS A S. Review on the occurrence and fate of microplastics in sewage treatment plants [J]. Journal of hazardous materials, 2019, 367: 504 - 512.

[5] ROLSKY C, KELKAR V, DRIVER E, et al. Municipal sewage sludge as a source of microplastics in the environment [J]. Current opinion in environmental science & health, 2020, 14: 16 - 22.

[6] SU Y L, ZHANG Z J, WU D, et al. Occurrence of microplastics in landfill

systems and their fate with landfill age [J]. Water research, 2019, 164: 1 –9.

[7] PARK S Y, KIM C G. Biodegradation of micro-polyethylene particles by bacterial colonization of a mixed microbial consortium isolated from a landfill site [J]. Chemosphere, 2019, 222: 527 –533.

[8] NAREVSKI A C, NOVAKOVIC M I, PETROVIC M Z, et al. Occurrence of bisphenol A and microplastics in landfill leachate: lessons from South East Europe [J]. Environmental science and pollution research, 2021, 28 (31): 42196 –42203.

[9] HOU L Y, KUMAR D, YOO C G, et al. Conversion and removal strategies for microplastics in wastewater treatment plants and landfills [J]. Chemical engineering journal, 2021, 406: 1 –20.

[10] WANG W F, GE J, YU X Y. Bioavailability and toxicity of microplastics to fish species: a review [J]. Ecotoxicology and environmental safety, 2020, 189: 1 –10.

[11] ZHANG Z J, SU Y L, ZHU J D, et al. Distribution and removal characteristics of microplastics in different processes of the leachate treatment system [J]. Waste management, 2021, 120: 240 –247.

[12] HE P J, CHEN L Y, SHAO L M, et al. Municipal solid waste (MSW) landfill: a source of microplastics? – evidence of microplastics in landfill leachate [J]. Water research, 2019, 159: 38 –45.

[13] ANTUNES J, FRIAS J, SOBRAL P. Microplastics on the Portuguese coast [J]. Marine pollution bulletin, 2018, 131: 294 –302.

[14] SUN J, ZHU Z R, LI W H, et al. Revisiting microplastics in landfill leachate: unnoticed tiny microplastics and their fate in treatment works [J]. Water research, 2021, 190: 1 –11.

[15] FILELLA M. Questions of size and numbers in environmental research on microplastics: methodological and conceptual aspects [J]. Environmental chemistry, 2015, 12 (5): 527 –538.

[16] BHARATH K M, NATESAN U, VAIKUNTH R, et al. Spatial distribution of microplastic concentration around landfill sites and its potential risk on groundwater [J]. Chemosphere, 2021, 277: 1 –12.

［17］ NURHASANAH, CORDOVA M R, RIANI E. Micro-and mesoplastics release from the Indonesian municipal solid waste landfill leachate to the aquatic environment: case study in Galuga landfill area, Indonesia ［J］. Marine pollution bulletin, 2021, 163: 1 – 9.

［18］ CHENG Y L, KIM J G, KIM H B, et al. Occurrence and removal of microplastics in wastewater treatment plants and drinking water purification facilities: a review ［J］. Chemical engineering journal, 2021, 410: 1 – 18.

［19］ ARGUELLES-ARIAS A, ONGENA M, HALIMI B, et al. Bacillus amyloliquefaciens GA1 as a source of potent antibiotics and other secondary metabolites for biocontrol of plant pathogens ［J］. Microbial cell factories, 2009, 8 (1): 63 – 74.

［20］ BAHL S, DOLMA J, SINGH J J, et al. Biodegradation of plastics: a state of the art review ［J］. Materials today: proceedings, 2020, 39: 31 – 34.

［21］ MA B W, XUE W J, HU C Z, et al. Characteristics of microplastic removal via coagulation and ultrafiltration during drinking water treatment ［J］. Chemical engineering journal, 2019, 359: 159 – 167.

［22］ ENFRIN M, DUMEE L F, LEE J. Nano/microplastics in water and wastewater treatment processes-origin, impact and potential solutions ［J］. Water research, 2019, 161: 621 – 638.

［23］ HIDAYATURRAHMAN H, LEE T G. A study on characteristics of microplastic in wastewater of South Korea: identification, quantification, and fate of microplastics during treatment process ［J］. Marine pollution bulletin, 2019, 146: 696 – 702.

［24］ SHEN M C, ZHANG Y X, ALMATRAFI E, et al. Efficient removal of microplastics from wastewater by an electrocoagulation process ［J］. Chemical engineering journal, 2022, 428: 1 – 13.

［25］ LV X M, DONG Q, ZUO Z Q, et al. Microplastics in a municipal wastewater treatment plant: fate, dynamic distribution, removal efficiencies, and control strategies ［J］. Journal of cleaner production, 2019, 225: 579 – 586.

［26］ GEYER R, JAMBECK J R, LAW K L. Production, use, and fate of all plastics ever made [J]. Science advances, 2017, 3 (7): 1-5.

[27] JAMBECK J R, GEYER R, WILCOX C, et al. Plastic waste inputs from land into the ocean [J]. Science, 2015, 347 (6223): 768-771.

[28] YANG Z, LV F, ZHANG H, et al. Is incineration the terminator of plastics and microplastics? [J]. Journal of hazardous materials, 2021, 401: 1-9.

[29] 简敏菲, 饶丹, 孙望舒, 等. 南方小城镇生活垃圾热解焚烧灰渣中微塑料与重金属的赋存特征 [J]. 环境化学, 2020, 39 (4): 1012-1023.

[30] CHANG F Y, WEY M Y. Comparison of the characteristics of bottom and fly ashes generated from various incineration processes [J]. Journal of hazardous materials, 2006, B138: 594-603.

[31] YANG N, DAMGAARD A, SCHEUTZ C, et al. A comparison of chemical MSW compositional data between China and Denmark [J]. Journal of environmental sciences, 2018, 74: 1-10.

[32] MAHON A M, O'CONNELL B, HEALY M G, et al. Microplastics in sewage sludge: effects of treatment [J]. Environmental science & technology, 2017, 51 (2): 810-818.

[33] HITCHCOCK J N. Storm events as key moments of microplastic contamination in aquatic ecosystems [J]. Science of the total environment, 2020, 734: 1-6.

[34] SHEN M C, HU T, HUANG W, et al. Can incineration completely eliminate plastic wastes? an investigation of microplastics and heavy metals in the bottom ash and fly ash from an incineration plant [J]. Science of the total environment, 2021, 779: 1-12.

[35] CHEN H J, WANG S Y, TANG C W. Reuse of incineration fly ashes and reaction ashes for manufacturing lightweight aggregate [J]. Construction and building materials, 2010, 24 (1): 46-55.

[36] BRENNECKE D, DUARTE B, PAIVA F, et al. Microplastics as vector for heavy metal contamination from the marine environment [J]. Estuarine, coastal and shelf science, 2016, 178: 189-195.

[37] HAHLADAKIS J N, VELIS C A, WEBER R, et al. An overview of chemical additives present in plastics: migration, release, fate and

environmental impact during their use, disposal and recycling [J]. Journal of hazardous materials, 2018, 344: 179 – 199.

[38] VAN GERVEN T, VAN KEER E, ARICKX S, et al. Carbonation of MSWI-bottom ash to decrease heavy metal leaching, in view of recycling [J]. Waste management, 2005, 25 (3): 291 – 300.

[39] LIU K, WU T N, WANG X H, et al. Consistent transport of terrestrial microplastics to the ocean through atmosphere [J]. Environmental science & technology, 2019, 53 (18): 10612 – 10619.

[40] WEITHMANN N, MÖLLER J N, LÖDER M G J, et al. Organic fertilizer as a vehicle for the entry of microplastic into the environment [J]. Science advances, 2018, 4 (4): 1 – 7.

[41] ZHANG L S, XIE Y S, LIU J Y, et al. An overlooked entry pathway of microplastics into agricultural soils from application of sludge-based fertilizers [J]. Environmental science & technology, 2020, 54 (7): 4248 – 4255.

[42] LI X W, CHEN L B, MEI Q Q, et al. Microplastics in sewage sludge from the wastewater treatment plants in China [J]. Water research, 2018, 142: 75 – 85.

[43] CHEUNG P K, FOK L. Characterisation of plastic microbeads in facial scrubs and their estimated emissions in mainland China [J]. Water research, 2017, 122: 53 – 61.

第六章 控制微塑料污染的新技术和新方法

针对各种市政环境工程系统中的微塑料污染物，尚未开发出针对性的处理方法。主要是因为专门针对一类污染物研发处理方法，需要综合考虑其危害和成本，而目前对微塑料污染的认知还停留在初级阶段，难以下定论。尽管如此，已经有一些学者进行了具有针对性的前瞻实验和研发，以期获得针对微塑料污染的高效处理方法。

第一节 膜处理技术

膜处理技术的原理是利用膜的选择性实现液体中不同组分的分离和纯化，常见的膜包括微滤膜、超滤膜、纳滤膜和反渗透膜（孔径由大到小）。目前，膜处理技术已经应用于饮用水处理和废水处理。理论上，孔径最大的微滤膜的表观孔径都小于 $0.1~\mu m$，说明各种膜组件可以很容易地去除大于 $0.1~\mu m$ 的微塑料。然而，由于制造工艺和标准不够完善，实际的膜组件上仍然有比表观孔径大得多的孔隙；因此，还是存在微塑料穿透膜组件进入尾水中的情况。然而，不可否认的是，膜处理技术在去除微塑料方面表现出高效和理想的性能。

膜材料的选择对截留效果起着至关重要的作用，多种膜材料在实验中能高效去除微塑料。有研究人员通过热诱导相分离的双向冷冻方法构建了仿生鳃激发膜，其平均孔径为 $3.5 \sim 10.5~\mu m$，对直径 700 nm 的微塑料的去除率达 97.6%。[1]此外，一项研究通过用壳聚糖改性的地质聚合物亚微粒填充玻璃纤维微滤膜，并与聚多巴胺交联制备了一种多功能膜。[2]该膜的筛选孔径为 58 nm，对微塑料的去除率能接近 90%。还有一个研究首次将 Co_3O_4 纳米颗粒嵌入在 $Ti_3C_2T_x$ 纳米片上，制备了多孔 $Ti_3C_2T_x$ 膜，研究人员以不同粒径的聚苯乙烯（PS）为目标微塑料，该多孔膜在水中对 PS 的去除率高达 99.6%。[3]

膜生物反应器（MBR）是一种结合了生物催化作用和膜分离过程耦合的系统，目前被广泛运用到水处理过程当中。MBR 去除微塑料的可行性已在中试规模和实际废水处理厂得到了验证。研究结果显示，中试 MBR 系统对微塑料的去除率达到了 99% 左右，其出水微塑料含量仅为 0.5 MPs/L。[4]另外一家应用 MBR 的污水处理厂对微塑料的去除效率也达到 99.5%，其出水中仅含 0.028 mg/L 的微塑料。[5]此外，研究人员发现与快速砂滤池、溶解气浮法和圆盘滤池相比，MBR 具有更高的微塑料去除效率。[6]最近，动态膜由于具有低能耗和低成本的优势，获得了广泛关注。动态膜是指膜上有额外的负载层，能对废水中的微小颗粒物起到过滤效果。[7]研究人员证实了动态膜对低密度、不易降解的微塑料颗粒有显著的去除效果，大约有 99.5% 的微塑料能被动态膜去除。[8]

膜处理的一些缺点仍然不可忽视，如膜污染和膜老化。一些研究发现微塑料的存在会加剧这些现象。在混凝过程中，微塑料和混凝剂发生反应生成絮凝物，从而被膜完全截留下来，然而，这也会加剧膜污染。微塑料还对 MBR 中污泥的形成、疏水性和细胞外聚合物的形成有负面影响。一项研究指出，在不排泥 MBR 系统中，长期的微塑料积累会使系统中污泥浓度降低，导致系统内细胞外聚合物和溶解性微生物产物浓度增加，加快膜污染速率。[9]研究人员建议在使用 MBR 系统收集处理微塑料时，结合实际情况进一步优化 MBR 系统运行工况（如调节污泥停留时间），做到既能截留微塑料，又能降低膜污染。此外，研究人员在日常操作中也观察到膜组件中存在释放微塑料的情况。过度的膜清洗可能会导致微塑料的释放，从而污染最终出水。由于膜处理技术常被设置为水处理设施的最终屏障，需要特别注意膜组件释放微塑料的潜在风险。未来可能发展更先进和具有针对性的膜处理技术，来实现对水中微塑料污染的高效去除。

第二节　光催化技术

光催化是一种基于光催化剂的反应过程，通过光催化剂产生电子和空穴的分离，从而实现电子转移和能量转换，进而与介质中的物质产生各种化学反应，被认为是极具前景的环保型处理技术。有一些光催化剂还能由电子跃迁生成一系列活化自由基，如羟基自由基（·OH），从而降解各种难降解有机污染物。目前，光催化反应被证明能导致微塑料的降解[10]，其降解机制主要是自由基对微塑料有机骨架的氧化作用和矿化作用。在理想条件中，在光催化氧化初期，微塑料的形态会发生变化，其表面粗糙度增加；当光催化反应进一步深入，微塑料质量减少，表面裂缝增多，变得更易破碎；最终，微塑料高聚合物会转化成简单的无机物进入环境，从而实现降解净化。[11]

最常见的光催化剂是 TiO_2。目前已经有一些研究尝试用 TiO_2 光催化的方法来降解微塑料。此外，有不少研究研发出具有更高性能的改性 TiO_2 催化剂，来进行微塑料的降解尝试。有研究采用溶胶—凝胶和乳液聚合工艺合成 PPy/TiO_2 纳米复合材料来作为光催化剂，在阳光照射下降解聚乙烯（PE）。[12] 结果显示，将 PE 在阳光下暴露 240 小时，PE 的质量降低了 35.4%~54.4%。还有研究人员研究了紫外线照射下 TiO_2 纳米颗粒薄膜对 PS 和 PE 的光催化降解。[13] 在实验开始 12 小时后，PS 的矿化率就达到了 98.40%，几乎完全被降解；PE 则是在 36 小时后才呈现出较高的降解速度。研究者确认了其降解机制为自由基氧化，导致生成羟基、羰基和碳氢基团。有实验室合成了一种用纳米 TiO_2 包覆的 PP 微塑料，研究人员发现微塑料中的纳米 TiO_2 颗粒周围发生了光催化作用，加速了微塑料的软化和老化。[14] 还有研究研发了光催化微电机（Au@Ni@TiO_2）来去除微塑料，该策略对水中微塑料的收集和去除效果非常可观。[15] 此外，研究者发现，与原始 TiO_2 相比，N-TiO_2 更具可持续性；[16] 他们从磨砂膏中提取了 PE，并使用 N-TiO_2 基半导体降解 PE。然而，反应过程需要优化调整环境条件、MPs/N-TiO_2 相互作用和 N-TiO_2 表面积，以保持光催化降解率。[17] 在进一步的研究中，他们开发了一种生物激发的 C，N-TiO_2 光催化剂，而且低温和低 pH 值有利于微塑料与 TiO_2 的相互作用。[10] 这些研究表明，改性 TiO_2 光催化的应用需要对反应条件进行精细的控制和监测，以确保其效率。

目前，ZnO 催化剂因其优异的光学性能、较高的氧化还原电位、良好的电子迁移率以及无毒等优点，在降解微塑料方面也受到了关注。有研究在氧化锌（ZnO）纳米棒上沉积了铂纳米颗粒，合成了 ZnO-Pt 纳米复合光催化剂。[18] 通过视觉上微塑料表面发生了物理损坏及化学上羰基和乙烯基红外吸收指数的变化，证实了它能有效降解微塑料碎片。还有研究利用氧化锌纳米棒在可见光照射下的连续水流系统中检测了其对聚丙烯（PP）微塑料的降解效果，两周内 PP 体积减小了 65% 以上。[19]研究人员还在实验中发现了 PP 光降解后的中间产物为羟丙基、丁醛、丙酮等，对人体健康和水环境的毒性较低。

除了上述材料之外，一些新型光催化材料在微塑料降解中也备受青睐。有研究者合成了新型的富羟基超薄 BiOCl 材料，它在光照下可使 PE 在 5 小时内损失 5.4% 的质量。[20]还有研究者注意到自然界中广泛存在的低分子量有机酸，他们使用掺杂了 Fe^{3+} 的草酸和柠檬酸作为光催化剂来降解聚氯乙烯（PVC）[21]，结果显示，在中性 pH 值和模拟自然光照射条件下，该光催化剂能显著加强 PVC 的降解。

总的来说，现有的研究已证实光催化降解微塑料的潜力，光催化技术依赖于自由基对微塑料的间接氧化。尽管在研究的最优条件下，大部分的微塑料矿化率仅达到 10% ~ 65%。微塑料是固体有机聚合物，要实现微塑料的完全降解和矿化，需要较长的反应时间和大量的光催化剂。此外，光催化剂（包括 TiO_2）的低量产率仍然是其应用的瓶颈。现有的研究对催化剂的选择多以 TiO_2 为主，对自然界中存在的天然催化剂的研究较少。总之，微塑料的光催化降解还需要进一步的创新研究。

第三节　高级氧化技术

高级氧化技术是新兴、高效和环境友好型技术，与光催化技术相比，在去除环境污染物方面更具有可行性，常用的高级氧化技术包括芬顿氧化、真空紫外线（VUV）、UV/H_2O_2、UV/氯等，其中有一部分已被用于微塑料的降解尝试。在高级氧化过程中，主要依托羟基自由基改变功能基团（如羟基和羧基）、修饰 C－H 基团，并产生氧化作用，来实现微塑料的降解。

芬顿氧化是高级氧化技术中的经典技术，它具有广泛的应用范围、简单的操作程序，能实现难降解有机物的快速降解/矿化。它的基本反应是过氧化氢与 Fe^{2+} 催化反应产生羟基自由基（·OH），从而氧化有机物。有研究报道芬顿氧化处理后，微塑料的表面形貌、尺寸分布、疏水性和化学特征均发生了显著改变。[22]他们在进一步研究中发现，PE 的表面变化比 PS 更强烈，这些变化还能够增强微塑料的吸附能力。[23]还有研究人员发现了基于 TiO_2/C 阴极的类电芬顿技术能成功降解 PVC，其去除率为 56%[24]，其主要降解机理是 ·OH 氧化而导致了 PVC 骨架断裂。一项研究开发了一种水热耦合芬顿体系，用其对 PE 处理 12 小时，微塑料矿化效率达到 75.6%。[25] 研究人员还发现，该系统在实际水体中对微塑料的去除也非常有效，他们认为未来可以将这项芬顿体系整合到污水处理厂的三级处理中。值得注意的是，目前芬顿氧化是广泛应用于现场样品中微塑料提取的预处理，在此过程中微塑料的降解应谨慎考虑。

紫外线能分解聚合物，从而形成新的分子结构、碳氢化合物及低分子质量的氧化聚合物和挥发性有机物（VOCs）。[26] 因此，紫外线降解微塑料也是一种可行的方法手段。有研究人员重点研究了聚对苯二甲酸乙二醇酯（PET）在紫外线照射下的降解情况。[27] 在照射了 56 天后，紫外线降解导致 PET 表面出现了孔或凹坑。这意味着当微塑料暴露于紫外线辐射时，会发生降解。真空紫外线辐射波长为 254 nm 和 185 nm，是一种新型的水处理高级氧化技术。波长为 185 nm 的紫外线高能辐照使水分子在水基质中裂解生成·OH。因此，它诱导微塑料的分解，主要取决于辐照剂量。笔者应用真空紫外线辐照降解了四种微塑料，发现微塑料表面发生了形态学和化学特征的显著变化。[28] 例如，经过 VUV 处理后，PVC 表面呈现出一些气泡结构。自然条件下的紫外线剂量也能对微塑料的风化造成影响。阳光的紫外线辐射（290～400 nm）具有显著的能量（299～412 kJ/mol），可以降解微塑料的 C－C 和 C－H 键。[29]

臭氧是一种不稳定且反应性极强的气体，能与水中的各种有机物快速反应。[30] 它作为一种强氧化剂，被广泛用于污染物的降解。臭氧技术被证实对于微塑料的降解是有效的。研究人员发现臭氧能够降解 PE[31]，还有研究发现，臭氧处理能够使得聚苯乙烯表面变得粗糙和不均匀。[32] 为了达到更好的微塑料降解效果，高级氧化技术会和其他处理工艺联用，如臭氧预处理与生物降解联用能加速 PS 矿化的速率。[32] 在臭氧处理时通电，可以加速·O_3^- 的形成，达到增强氧化能力的效果，增强臭氧对微塑料的降解效果。[33] 在一项研究中，臭氧被用作与传统废水处理工艺相结合的微塑料降解技术。相比于单独的臭氧处理，臭氧与混凝联用可以将微塑料的去除效率从 89.9% 提高到 99.2%。[34] 最近，还有研究将臭氧与过氧化氢结合来用于微塑料的氧化。研究人员通过傅里叶变换红外光谱（FTIR）、X 射线衍射仪（XRD）和扫描电子显微镜（SEM）对微塑料进行表征，发现 PE、PS 和 PP 的物理、化学特征发生了变化，臭氧与过氧化氢结合对这些微塑料进行了有效降解。[35]

参考文献

［1］ ZHANG X, LI H N, ZHU C Y, et al. Biomimetic gill-inspired membranes with direct-through micropores for water remediation by efficiently removing microplastic particles ［J］. Chemical engineering journal, 2022, 434: 1 - 9.

［2］ SONG Y, PAN J K, CHEN M F, et al. Chitosan-modified geopolymer sub-microparticles reinforced multifunctional membrane for enhanced removal of multiple contaminants in water ［J］. Journal of membrane science, 2022, 658: 1 - 10.

［3］ YANG L J, CAO X Y, CUI J, et al. Holey Ti_3C_2 nanosheets based membranes for efficient separation and removal of microplastics from water ［J］. Journal of colloid and interface science, 2022, 617: 673 - 682.

［4］ LARES M, NCIBI M C, SILLANPÄÄ M, et al. Occurrence, identification and removal of microplastic particles and fibers in conventional activated sludge process and advanced MBR technology ［J］. Water research, 2018, 133: 236 - 246.

［5］ LV X M, DONG Q, ZUO Z Q, et al. Microplastics in a municipal wastewater treatment plant: fate, dynamic distribution, removal efficiencies, and control strategies ［J］. Journal of cleaner production, 2019, 225: 579 - 586.

［6］ TALVITIE J, MIKOLA A, KOISTINEN A, et al. Solutions to microplastic pollution-removal of microplastics from wastewater effluent with advanced wastewater treatment technologies ［J］. Water research, 2017, 123 (1): 401 - 407.

［7］ NABI I, BACHA A U R, ZHANG L W. A review on microplastics separation techniques from environmental media ［J］. Journal of cleaner production, 2022, 337: 1 - 18.

［8］ LI L C, XU G R, YU H R, et al. Dynamic membrane for micro-particle removal in wastewater treatment: performance and influencing factors ［J］. Science of the total environment, 2018, 627 (1): 332 - 340.

［9］ 李艳丽, 姚杰, 陈广, 等. 微塑料累积对膜生物反应器运行特性的影响研究 ［J］. 水处理技术, 2019, 45 (10): 78 - 81.

［10］ ARIZA-TARAZONA M C, VILLARREAL-CHIU J F, HERNANDEZ-LOPEZ J M, et al. Microplastic pollution reduction by a carbon and nitrogen-doped TiO$_2$: effect of pH and temperature in the photocatalytic degradation process ［J］. Journal of hazardous materials, 2020, 395: 1 – 11.

［11］ 葛建华, 卫洲, 吴为, 等. 光催化氧化降解微塑料的研究进展 ［J］. 现代化工, 2022, 42 (10): 44 – 50.

［12］ LI S Y, XU S H, HE L J, et al. Photocatalytic degradation of polyethylene plastic with polypyrrole/TiO$_2$ nanocomposite as photocatalyst ［J］. Polymer-plastics technology and engineering, 2010, 49 (4): 400 – 406.

［13］ NABI I, BACHA A U R, LI K J, et al. Complete photocatalytic mineralization of microplastic on TiO$_2$ nanoparticle film ［J］. Iscience, 2020, 23 (7): 1 – 12.

［14］ LUO H W, XIANG Y H, LI Y, et al. Photocatalytic aging process of nano-TiO$_2$ coated polypropylene microplastics: combining atomic force microscopy and infrared spectroscopy (AFM-IR) for nanoscale chemical characterization ［J］. Journal of hazardous materials, 2021, 404: 1 – 10.

［15］ WANG L L, KAEPPLER A, FISCHER D, et al. Photocatalytic TiO$_2$ micromotors for removal of microplastics and suspended matter ［J］. ACS applied materials & interfaces, 2019, 11 (36): 32937 – 32944.

［16］ ZENG H, XIE J J, XIE H, et al. Bioprocess-inspired synthesis of hierarchically porous nitrogen-doped TiO$_2$ with high visible-light photocatalytic activity ［J］. Journal of materials chemistry a, 2015, 3 (38): 19588 – 19596.

［17］ ARIZA-TARAZONA M C, VILLARREAL-CHIU J F, BARBIERI V, et al. New strategy for microplastic degradation: green photocatalysis using a protein-based porous N-TiO$_2$ semiconductor ［J］. Ceramics international, 2019, 45 (7): 9618 – 9624.

［18］ TOFA T S, YE F, KUNJALI K L, et al. Enhanced visible light photodegradation of microplastic fragments with plasmonic platinum/zinc oxide nanorod photocatalysts ［J］. Catalysts, 2019, 9 (10): 1 – 13.

［19］ UHEIDA A, MEJIA H G, ABDEL-REHIM M, et al. Visible light photocatalytic degradation of polypropylene microplastics in a continuous water flow system [J]. Journal of hazardous materials, 2021, 406: 1 – 12.

[20] JIANG R R, LU G H, YAN Z H, et al. Microplastic degradation by hydroxy-rich bismuth oxychloride [J]. Journal of hazardous materials, 2021, 405: 1 – 9.

[21] WANG C, XIAN Z Y, JIN X, et al. Photo-aging of polyvinyl chloride microplastic in the presence of natural organic acids [J]. Water research, 2020, 183: 1 – 10.

[22] LIU P, QIAN L, WANG H Y, et al. New insights into the aging behavior of microplastics accelerated by advanced oxidation processes [J]. Environmental science & technology, 2019, 53 (7): 3579 – 3588.

[23] LIU G Z, ZHU Z L, YANG Y X, et al. Sorption behavior and mechanism of hydrophilic organic chemicals to virgin and aged microplastics in freshwater and seawater [J]. Environmental pollution, 2019, 246: 26 – 33.

[24] MIAO F, LIU Y F, GAO M M, et al. Degradation of polyvinyl chloride microplastics via an electro-Fenton-like system with a TiO_2/graphite cathode [J]. Journal of hazardous materials, 2020, 399: 1 – 9.

[25] HU K S, ZHOU P, YANG Y Y, et al. Degradation of microplastics by a thermal fenton reaction [J]. ACS ES&T engineering, 2022, 2 (1): 110 – 120.

[26] LIU L C, XU M J, YE Y H, et al. On the degradation of (micro) plastics: degradation methods, influencing factors, environmental impacts [J]. Science of the total environment, 2022, 806: 1 – 16.

[27] SØRENSEN L, GROVEN A S, HOVSBAKKEN I A, et al. UV degradation of natural and synthetic microfibers causes fragmentation and release of polymer degradation products and chemical additives [J]. Science of the total environment, 2021, 755: 1 – 9.

[28] LIN J L, YAN D Y, FU J W, et al. Ultraviolet-C and vacuum ultraviolet inducing surface degradation of microplastics [J]. Water research, 2020, 186: 1 – 11.

[29] TER HALLE A, LADIRAT L, MARTIGNAC M, et al. To what extent are microplastics from the open ocean weathered? [J]. Environmental pollution, 2017, 227: 167 – 174.

[30] RIZWAN K, BILAL M. Developments in advanced oxidation processes for removal of microplastics from aqueous matrices [J]. Environmental science and pollution research, 2022, 29 (58): 86933 – 86953.

[31] ZAFAR R, PARK S Y, KIM C G. Surface modification of polyethylene microplastic particles during the aqueous-phase ozonation process [J]. Environmental engineering research, 2021, 26 (5): 1 – 9.

[32] TIAN L L, KOLVENBACH B, CORVINI N, et al. Mineralisation of ^{14}C-labelled polystyrene plastics by Penicillium variabile after ozonation pre-treatment [J]. New biotechnology, 2017, 38: 101 – 105.

[33] WANG J L and WANG S Z. Reactive species in advanced oxidation processes: formation, identification and reaction mechanism [J]. Chemical engineering journal, 2020, 401: 1 – 19.

[34] HIDAYATURRAHMAN H and LEE T G. A study on characteristics of microplastic in wastewater of South Korea: identification, quantification, and fate of microplastics during treatment process [J]. Marine pollution bulletin, 2019, 146: 696 – 702.

[35] BELÉ T G D, NEVES T F, CRISTALE J, et al. Oxidation of microplastics by O_3 and O_3/H_2O_2: Surface modification and adsorption capacity [J]. Journal of water process engineering, 2021, 41: 1 – 12.

第七章　微塑料的采样、预处理和分析方法

　　来自市政环境工程系统的样品含有各种污染物。给水处理厂的水样比较干净，一般含有一些溶解的有机物、无机物和少量颗粒物。相反，从污水处理厂获得的废水和污泥样品则较为复杂。除了溶解的物质和颗粒外，它们还含有一些微生物和污泥絮凝物。特别是废水进水含有来自污水的各种成分，非常复杂。污泥样品一般呈絮状，含有大量的菌胶团。虽然它们的含水量可以达到95%以上，但它们的状态仍然是胶体。微塑料被封装在污泥中，需要特定的方法来分离。而固体废弃物样品中的微塑料，与其他各种固态污染物混合在一起，更加难以处理。要确定这些样品中微塑料的大小、形状和成分，需要开发适应各种不同样品的采样、预处理和分析方法。

第一节　采样

　　采样是识别和量化微塑料的第一步。适当的技术和方法对于获得可靠的数据和最小化随机误差很重要。一般有以下几种有效的采样方法。使用基于机械筛选设计的由金属网/筛组成的定制分离装置收集水样中的微塑料。例如，将孔径为 25 ~ 500 μm 的筛网堆叠在一起，最大孔径的筛网位于顶部（见图 7 - 1）。[1] 通过这种装置，能够将不同尺寸的颗粒高效地从含水样品中连续分离。这种方法适合溶液、悬浊液和泥浆样品，固体样品需先在水中分散开之后，再进行筛分来实现粒径分离。更新的研究使用了一些孔径更小的筛网，可以达到 1 μm 水平。[2,3] 一般来说，最小的筛网孔径通常设置为 1 ~ 10 μm。当然，筛网的孔径越小，可以获得的用于分析的微塑料尺寸就越小。但随着筛网孔径变小，其过滤通量呈指数下降，增加了筛分的操作难度。

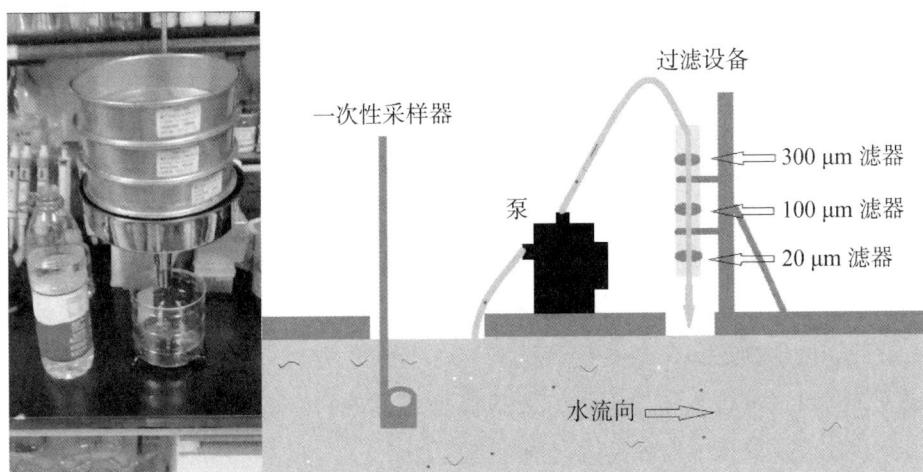

图 7 - 1　实验室污水采样筛网实物（左）和示意图（右）

　　以水样采样为例，常用的采样策略包括抓取采样和连续采样。抓取采样指的是在特定时间点进行单个样本的采样和测量。采用这种采样策略，水或含水量高的活性污泥样品通常使用玻璃罐或钢桶采集，然后泵送通过筛分装置以获得颗粒（见图 7 - 1）。一次抓取采样通常持续 1 ~ 2 小时。[1]抓取采样方法简单高效，但获取的样本仅代表特定时间段内的一个剖面数据点。由于样品在时间尺度上的随机性和可变性，使用随机抽样策略不可避免地会出现随机误差。

　　连续采样提供连续时间维度的数据。例如，Dyachenko 等在 24 小时内以 2 小时的间隔收集污水处理厂出水，并分析其中微塑料的浓度分布。[4]在另一项研究中，研究人员在一天内每隔 1 小时采集 1 个样本，共获得 24 个样本，以评估污水处理厂中微塑料的去除效率。[5]许多其他研究中，研究人员按照每隔一周、一个月和一个季度等时间间隔进行采样和跟踪，揭示给水处理厂和污水处理厂中微塑料的浓度分布。[6,7]与抓取采样不同，连续采样的结果显示，夜间微塑料的浓度低于白天，这表明微塑料随时间的分布不均匀。

　　污水处理厂的污泥样本通常使用特制采样器收集，例如 Veen 抓斗式采样器。污泥样品通常比水样含有更多的固体物质，包括微生物、有机物质、无机物质和微塑料。为了将微塑料从胶体固体材料中分离出来，污泥样品需要通过一系列网筛软化并用去离子水洗涤。[8]另一种方法是在收集后将污泥样品与去离子水重新分散混合，然后按照与水样相似的筛分程序进行机械筛选。此外，还有采用淘析从污泥中提取微塑料，通过向上流动的液体或气体将较轻的颗粒与较重的颗粒分离。这些程序允许将可见的微塑料颗粒从废水和污泥中分离出来。

第二节　预处理

样品含有丰富的颗粒物、有机物、离子和其他微量杂质（例如化学物质）。有机物，尤其是油和胶体，可以黏附在微塑料的表面。此外，混凝剂、絮凝剂和微生物也会在微塑料上积累。在使用傅里叶变换红外光谱（FTIR）或拉曼光谱进行检测和识别时，微塑料表面覆盖的有机物会造成严重干扰。因此，建议在分析前对样品进行预处理。

一种常用的预处理方法是使用30%的过氧化氢（H_2O_2）水溶液进行预氧化，这可以从聚合物中去除表面生物成分。[9]这种方法能广谱消除水和污泥样品中微塑料上附着的生物质。[1,10-12]Tagg 等人评估了 H_2O_2 对 FTIR 检测微塑料的影响[13]，测试了聚乙烯、聚丙烯、聚氯乙烯、聚苯乙烯、尼龙6和聚对苯二甲酸乙二醇酯。他们首先将微塑料颗粒浸入15 mL 的30% H_2O_2 中，短暂摇晃并储存3、5或7天。接触 H_2O_2 7天对这些聚合物的 FTIR 光谱没有明显影响。经过 H_2O_2 预处理后，样品过滤效率也得到显著提高。采用加热法和 H_2O_2 联用处理悬浮样品基质，能进一步提高氧化效率，预处理时间可减少到30分钟。[4]然而，Munno 等人观察到使用 H_2O_2 预氧化与加热相结合会导致一些微塑料熔化，尤其是塑料微珠。[14]因此，不建议使用 H_2O_2 对微塑料进行额外的热处理。

使用 H_2O_2 和 Fe（Ⅱ）的芬顿处理是另一种预处理方法。它是一种快速且环保的氧化方法，可以降解大多数天然和人造有机物。[15]美国国家海洋和大气管理局最近推荐了一种基于芬顿的湿式过氧化物氧化（WPO）预处理方法，用于去除水和污泥样品中微塑料上的有机杂质。[1]该 WPO 方法将 20 mL 的30% H_2O_2 和20 mL 的0.05 M Fe（Ⅱ）水溶液添加到含有0.3 mm 大小微塑料的水样中，然后进行程序搅拌和加热。该程序现已广泛应用于提高样品预处理效率。[4,10,16,17]Tagg 等使用这种 WPO 方法后测试了微塑料的潜在降解和碎片化，发现处理样品和对照样品的颗粒大小或 FTIR 光谱没有明显差异。[16]这种 WPO 方法可以将暴露时间从数天或数小时减少到数分钟，是从现场废水和污泥样品中快速提取和检测微塑料的有效预处理方法。

氧化预处理后，需要将含有微塑料的悬浊液转移到密度分离器，以进一步将颗粒与悬浮液分离。

第三节 分析方法

各种分析方法，如扫描电子显微镜、气相色谱质谱法（GC‑MS）、傅里叶变换红外光谱和拉曼光谱已被用于微塑料的鉴定。普通显微镜观察是最常用的方法之一，但由于微塑料受到其他颗粒（如沙子和砂砾）的干扰，普通显微镜很难分辨微塑料与这些杂质，因此其误差较大。当提取的样品包含大量颗粒混合物时，经常会出现严重高估或低估（超过 ±50%）的情况。[18‑20]

为了获得更精确的数据，GC/MS 和相关技术被采用。改进的热解气相色谱/质谱法（py‑GC/MS）可用于分析沉积物样品中的微塑料颗粒。[21‑23] 一般来说，py‑GC/MS 的样品质量很小，例如，单个颗粒重量为 10 ~ 350 μg。[24] 为了获得足够的样品质量，热解析气相色谱质谱法（TDS‑GC‑MS）可以在热重分析中的热萃取后使用。[25,26] 这种 TDS‑GC‑MS 技术可以小规模分析非均质高质量样品（比 py‑GC/MS 中使用的质量高约 200 倍）。它还可以识别和量化微塑料的分解产物。然而，基于 GC/MS 的方法具有破坏性并且需要复杂的设备和操作。

分子振动光谱技术，例如傅里叶变换红外光谱和拉曼光谱，是有机聚合物的传统分析方法，可以确定微塑料的数量和类型。傅里叶变换红外光谱和拉曼光谱的原理都涉及分子的激发和振动。傅里叶变换红外光谱的形成取决于化学键（例如 C═O 键）的永久偶极矩的变化。拉曼光谱则是由化学键（例如 C═C 、C—H 和芳香键）极化率的变化产生的。现有的参考光谱数据库进一步提高了傅里叶变换红外光谱和拉曼光谱的准确性和速率。因此，可以表征微塑料的特定指纹。这两种方法已被用于检测给水处理厂和污水处理厂的水和污泥样品中的微塑料。[27,28]

对傅里叶变换红外光谱和拉曼光谱进行一些改进，则能扩展其在复杂样品中的应用。将显微镜与傅里叶变换红外光谱或拉曼光谱相结合，可以对包含其他颗粒的样品中的微塑料颗粒进行选择性定量分析。[1] 该方法产生视觉图像，从而可以确定微塑料的尺寸。随着显微镜的应用，显微傅里叶变换红外光谱和显微拉曼光谱将微塑料的检测极限扩展到 1 μm 水平，从而实现更精确的检测。基于这些方法，Tagg 等人开发了一种基于焦平面阵列的反射显微傅里叶变换红外光谱，它可以生成图像并同时识别经过预处理的废水样品中的 30 个不同类型的微塑料。[13]这对于准确和半自动检测废水中的微塑料是有效的，即使在存在大量生物有机物的情况下也是如此。

除了定性分析，一些学者还尝试从傅里叶变换红外光谱数据中挖掘定量信息。羰基指数（CI）用于表征微塑料表面的氧化程度，其通过与亚甲基峰相关的羰基峰的吸收率计算[29]，反映了材料化学结构变化的量化，尤其是亚甲基向 C=O 的转化。[30]通过该方法可以发现一些高级氧化处理会导致 CI 值显著升高，从而为微塑料表面氧化提供量化数据统计证据。[31,32]此外，另一种称为二维相关光谱（2D-COS）的方法已被用于进一步研究微塑料的降解机制[33,34]，它利用红外光谱数据生成同步和异步相关的 2D 相关图。根据 Noda 规则，特征峰的强度变化顺序可以反映相应的化学键生成顺序。[35]Mao 等评估了微塑料在紫外线照射下的老化，他们发现 PS 上化学键的变化顺序为 1450/1493/1601（C—H）→ 1030（C—O）→ 1375（C—OH）→ 1666（C=O）→1744（O—C=O）cm^{-1}。[33]这对于推测微塑料表面化学价键的演变情况，非常有意义。

应该注意的是，傅里叶变换红外光谱或拉曼光谱的检测非常耗时，需要经过一定训练的人员来进行，且难以自动化。在傅里叶变换红外光谱或拉曼光谱分析之前，废水和污泥样品中的微塑料需要进行预处理。此外，傅里叶变换红外光谱和拉曼光谱只能检测碳键和氧键，灵敏度相对较低。而其他一些方法逐渐应用后，可以在这两种光谱方法基础上，获得更全面的数据。X 射线光电子能谱（XPS）可以显示材料表面的元素组成及其键合价态。笔者采用 XPS 评估了 254 nm 紫外线照射后微塑料的化学变化。结果表明，UV-C 照射增加了聚乙烯、聚氯乙烯、聚苯乙烯和聚对苯二甲酸乙二醇酯上 C—O 和 C=O 键的丰度。相反，傅里叶变换红外光谱结果仅提供了有限的证据。[31]除了以上的这些检测手段，仍然需要更多的分析方法来全面评估微塑料表面的形貌、化学和结构的变化。

参考文献

[1] ZIAJAHROMI S, NEALE P A, RINTOUL L, et al. Wastewater treatment plants as a pathway for microplastics: development of a new approach to sample wastewater-based microplastics [J]. Water research, 2017, 112: 93-99.

［2］ ZHANG Y L, DIEHL A, LEWANDOWSKI A, et al. Removal efficiency of micro-and nanoplastics（180 nm – 125 μm）during drinking water treatment ［J］. Science of the total environment, 2020, 720: 1 – 8.

［3］ LARES M, NCIBI M C, SILLANPAA M, et al. Occurrence, identification and removal of microplastic particles and fibers in conventional activated sludge process and advanced MBR technology ［J］. Water research, 2018, 133（1）: 236 – 246.

［4］ DYACHENKO A, MITCHELL J, ARSEM N. Extraction and identification of microplastic particles from secondary wastewater treatment plant（WWTP）effluent ［J］. Analytical methods, 2017, 9（9）: 1412 – 1418.

［5］ TALVITIE J, MIKOLA A, SETALA O, et al. How well is microlitter purified from wastewater? a detailed study on the stepwise removal of microlitter in a tertiary level wastewater treatment plant ［J］. Water research, 2017, 109（1）: 164 – 172.

［6］ BILGIN M, YURTSEVER M, KARADAGLI F. Microplastic removal by aerated grit chambers versus settling tanks of a municipal wastewater treatment plant ［J］. Journal of water process engineering, 2020, 38: 1 – 8.

［7］ BAYO J, OLMOS S, LÓPEZ-CASTELLANOS J. Assessment of microplastics in a municipal wastewater treatment plant with tertiary treatment: removal efficiencies and loading per day into the environment ［J］. Water, 2021, 13（10）: 1 – 14.

［8］ MAHON A M, O'CONNELL B, HEALY M G, et al. Microplastics in sewage sludge: effects of treatment ［J］. Environmental science & technology, 2017, 51（2）: 810 – 818.

［9］ NUELLE M T, DEKIFF J H, REMY D, et al. A new analytical approach for monitoring microplastics in marine sediments ［J］. Environmental pollution, 2014, 184（13）: 161 – 169.

［10］ BALDWIN A K, CORSI S R, MASON S A. Plastic debris in 29 great lakes tributaries: relations to watershed attributes and hydrology ［J］. Environmental science & technology, 2016, 50（19）: 10377 – 10385.

［11］ MAJEWSKY M, BITTER H, EICHE E, et al. Determination of microplastic polyethylene（PE）and polypropylene（PP）in environmental samples using thermal analysis (TGA-DSC) [J]. Science of the total environment, 2016, 568: 507 – 511.

[12] BABEL S, DORK H. Identification of Micro-plastic contamination in drinking water treatment plants in Phnom Penh, Cambodia [J]. Journal of engineering and technological sciences, 2021, 53 (3): 1 – 19.

[13] TAGG A S, SAPP M, HARRISON J P, et al. Identification and quantification of microplastics in wastewater using focal plane array-based reflectance micro-FT-IR imaging [J]. Analytical chemistry, 2015, 87 (12): 6032 – 6040.

[14] MUNNO K, HELM P A, JACKSON D A, et al. Impacts of temperature and selected chemical digestion methods on microplastic particles [J]. Environmental toxicology and chemistry, 2018, 37 (1): 91 – 98.

[15] OTURAN M A, AARON J J. Advanced oxidation processes in water/wastewater treatment: principles and applications [J]. Critical reviews in environmental science and technology, 2014, 44 (23): 2577 – 2641.

[16] TAGG A S, HARRISON J P, JU-NAM Y, et al. Fenton's reagent for the rapid and efficient isolation of microplastics from wastewater [J]. Chemical communications, 2017, 53 (2): 372 – 375.

[17] YONKOS L T, FRIEDEL E A, PEREZ-REYES A C, et al. Microplastics in four estuarine rivers in the Chesapeake Bay, U. S. A. [J]. Environmental science & technology, 2014, 48 (24): 14195 – 14202.

[18] LESLIE H A, BRANDSMA S H, VAN VELZEN M J M, et al. Microplastics en route: field measurements in the Dutch river delta and Amsterdam canals, wastewater treatment plants, North Sea sediments and biota [J]. Environment international, 2017, 101: 133 – 142.

[19] DEKIFF J H, REMY D, KLASMEIER J, et al. Occurrence and spatial distribution of microplastics in sediments from Norderney [J]. Environmental pollution, 2014, 186 (13): 248 – 256.

[20] LENZ R, ENDERS K, STEDMON C A, et al. A critical assessment of visual identification of marine microplastic using Raman spectroscopy for analysis improvement [J]. Marine pollution bulletin, 2015, 100 (1): 82 – 91.

［21］ GOMIERO A, OYSAED K B, PALMAS L, et al. Application of GCMS-pyrolysis to estimate the levels of microplastics in a drinking water supply system ［J］. Journal of hazardous materials, 2021, 416: 1 – 8.

［22］ KIRSTEIN I V, HENSEL F, GOMIERO A, et al. Drinking plastics? – quantification and qualification of microplastics in drinking water distribution systems by μFTIR and Py-GCMS ［J］. Water research, 2021, 188: 1 – 9.

［23］ FABBRI D. Use of pyrolysis-gas chromatography/mass spectrometry to study environmental pollution caused by synthetic polymers: a case study: the Ravenna Lagoon ［J］. Journal of analytical and applied pyrolysis, 2001, 58 – 59: 361 – 370.

［24］ FRIES E, DEKIFF J H, WILLMEYER J, et al. Identification of polymer types and additives in marine microplastic particles using pyrolysis-GC/MS and scanning electron microscopy ［J］. Environmental science-processes & impacts, 2013, 15 (10): 1949 – 1956.

［25］ DÜMICHEN E, BARTHEL A K, BRAUN U, et al. Analysis of polyethylene microplastics in environmental samples, using a thermal decomposition method ［J］. Water research, 2015, 85: 451 – 457.

［26］ FUNCK M, AL-AZZAWI M S M, YILDIRIM A, et al. Release of microplastic particles to the aquatic environment via wastewater treatment plants: the impact of sand filters as tertiary treatment ［J］. Chemical engineering journal, 2021, 426: 1 – 6.

［27］ WEBER F, KERPEN J, WOLFF S, et al. Investigation of microplastics contamination in drinking water of a German city ［J］. Science of the total environment, 2021, 755: 1 – 10.

［28］ CHU X X, ZHENG B, LI Z X, et al. Occurrence and distribution of microplastics in water supply systems: In water and pipe scales ［J］. Science of the total environment, 2022, 803: 1 – 8.

［29］ LIU G Z, ZHU Z L, YANG Y X, et al. Sorption behavior and mechanism of hydrophilic organic chemicals to virgin and aged microplastics in freshwater and seawater ［J］. Environmental pollution, 2019, 246: 26 – 33.

［30］ ALMOND J, SUGUMAAR P, WENZEL M N, et al. Determination of the carbonyl index of polyethylene and polypropylene using specified area under band methodology with ATR-FTIR spectroscopy ［J］. e-Polymers, 2020, 20 (1): 369 –381.

［31］ LIN J L, YAN D Y, FU J W, et al. Ultraviolet-C and vacuum ultraviolet inducing surface degradation of microplastics ［J］. Water research, 2020, 186: 1 –11.

［32］ LIU P, QIAN L, WANG H Y, et al. New insights into the aging behavior of microplastics accelerated by advanced oxidation processes ［J］. Environmental science & technology, 2019, 53 (7): 3579 –3588.

［33］ MAO R F, LANG M F, YU X Q, et al. Aging mechanism of microplastics with UV irradiation and its effects on the adsorption of heavy metals ［J］. Journal of hazardous materials, 2020, 393: 1 –10.

［34］ LANG M F, YU X Q, LIU J H, et al. Fenton aging significantly affects the heavy metal adsorption capacity of polystyrene microplastics ［J］. Science of the total environment, 2020, 722: 1 –9.

［35］ JIN P K, SONG J N, WANG X C C, et al. Two-dimensional correlation spectroscopic analysis on the interaction between humic acids and aluminum coagulant ［J］. Journal of environmental sciences, 2018, 64: 181 –189.

第八章 微塑料对环境生态的影响

微塑料污染在水体（海洋和淡水）、陆地和大气环境中普遍存在，不同环境介质中的微塑料进行着广泛的运移和转化，从而影响微塑料在这些环境介质中的赋存、迁移和行为。现有的研究大多集中在水体环境中的微塑料污染，对陆地和大气中的微塑料的研究仍较少。

第一节 微塑料对水生生态和水生生物的影响

水体环境中的微塑料具有不同的材质，包括聚乙烯（PE）、聚丙烯（PP）、聚苯乙烯（PS）、聚氯乙烯（PVC）等，它们与水体环境中的有机物、无机物和微生物相互作用。因此，微塑料常和这些污染物形成复合污染。最新的研究表明，微塑料可以作为环境中各种有毒有害物质的载体，并在不同环境介质之间进行迁移和输送。更进一步，微塑料在被水生生物摄入之后，可能将各种有毒有害污染物带入食物链中，从而对海洋和陆地生物构成严重威胁。

不同地区的水体环境中微塑料的总体丰度和理化特征存在显著差异（见表 8-1）。例如，一项研究对美国东南部河口的微塑料污染进行了调查。[1] 其中一个港口表层水体的微塑料浓度为 3～11 MPs/L，平均浓度为 6.6±1.3 MPs/L；另一个海湾的表层水体的微塑料浓度为 6～88 MPs/L，平均浓度为 30.8±12.1 MPs/L。然而，有研究表明，海洋水体中的微塑料丰度较低，例如 Gullmarn 峡湾、瑞典西海岸（0.18～0.92 MPs/m²）[2]、斯卡格拉克/卡特加特海峡（3.74 MPs/m²）[3]、波罗的海和波的尼亚湾等。

表 8-1　水体环境中微塑料的浓度和特点

采样地点	浓度	形状	尺寸	材质	参考文献
加拿大，Lake Winnipeg	0.19 MPs/m²	纤维、薄膜、泡沫	<5 mm	—	[4]
美国，Charleston Harbor	3~11 MPs/L	纤维、泡沫、球	63~500 mm	聚苯乙烯、聚酰胺、聚酯、聚乙烯、聚丙烯	[1]
美国，Winyah Bay	6~88 MPs/L	纤维、泡沫、球	63~500 mm	聚苯乙烯、聚酰胺、聚酯、聚乙烯、聚丙烯	[1]
德国，给水处理厂	0~7 MPs/m²（原水）0.7 MPs/m²（出水）	纤维、碎片	50~150 mm	聚酰胺、聚乙烯、聚氯乙烯、聚酯	[5]
北极，海冰	1.1~12 × 10⁶ MPs/m³	纤维	11~50 mm	乙烯醋酸乙烯酯、聚酰胺、聚乙烯、聚酯、聚丙烯	[6]
中国，长江流域	20~340 MPs/kg	纤维、微珠	46.8~4 968.7 mm	尼龙、聚酯	[7]
中国，河漫滩	52~1 600 MPs/kg	纤维、碎片	100~500 mm	聚丙烯、尼龙、聚酯	[8]
捷克，给水处理厂	1 473~3 605 MPs/L（进水）338~628 MPs/L（出水）	纤维、碎片	1~10 μm	聚乙烯对苯二甲酸酯、聚乙烯、聚丙烯	[9]

（续上表）

采样地点	浓度	形状	尺寸	材质	参考文献
波斯尼亚，Skagerrak/Kattegat	3.74 MPs/m²	纤维	50 ~ 300 μm	聚乙烯、聚丙烯、聚苯乙烯、聚酰胺	[3]
德国，瓶装水	193 MPs/L	纤维、碎片	1 ~ 20 μm	聚乙烯对苯二甲酸酯、聚丙烯	[10]
中国，盐	550 ~ 681 MPs/kg（海盐）43 ~ 364 MPs/kg（湖盐）7 ~ 204 MPs/kg（井盐）	纤维、微珠、板块	< 200 μm	聚乙烯对苯二甲酸酯、聚酯、聚乙烯、聚丙烯、赛璐玢	[11]
美国，Southeastern NPS units	100 ~ 300 MPs/kg	纤维	20 μm	聚乙烯对苯二甲酸酯	[12]

最近不少研究发现，与海水相比，淡水水体中的微塑料浓度更高，因此人们开始担心微塑料对人类健康的影响。例如，在捷克的给水处理厂中，在进水（1 473 ~ 3 605 MPs/L）和出水（338 ~ 628 MPs/L）中观察到高浓度的微塑料污染。[9]一项有关德国瓶装饮用水的研究发现，瓶装水中也含有一定浓度的微塑料（193 MPs/L）。[10]许多水源地和水生环境也被证明受到微塑料的严重污染。例如，中国长江口沉积物中含有高浓度的微塑料（20 ~ 340 MPs/kg）[7]；中国上海的河流和滩涂被检测出含有 52 ~ 1 600 MPs/kg 的微塑料[8]；美国东南部国家公园管理局的滩涂也检测到 100 ~ 300 MPs/kg 的微塑料[12]。

微塑料对水生生物的危害一直是许多研究的重点。微塑料可以抑制某些酵母、细菌和藻类等微生物的生长，从而影响它们在不同环境中的基本生理过程和作用。此外，微塑料会阻碍浮游动物和海洋底栖生物（如贻贝和牡蛎）的消化系统，在许多情况下导致其食欲下降、营养不良和死亡。Van Cauwenberghe 等发现，微塑料对人类健康构成潜在风险。[13]有研究人员主张微塑料可被淡水和海洋的多种水生生物摄入，从而进入食物链，最终被人类摄入。[14]对此，有人建议选择特定的指示生物作为哨兵物种，对不同地理生态位中微塑料的影响进行生物监测，从而确保水产食品的安全。例如，沙蚕（Arenicola marina）是底栖生物食物网底部的一种常见的沉积物捕食者，常用于海洋沉积物毒性测试[15]，而贻贝（Mytilus galloprovincialis）是国际公认的海洋污染监测的哨兵物种[16]。这些物种都具有监测海洋微塑料污染进入食物链的潜力。

第二节　大气中微塑料的存在及其对生物的影响

最新研究发现，大气也是微塑料污染的重要储存库和来源。城市、郊区和农村地区的大气中发现了微塑料污染。空气中的微塑料可以从微塑料源区进行长距离传播，在遥远的陆地和水生环境基质中积累，对生物圈构成各种威胁。然而，微塑料的归趋是由环境分区的连通性决定的，而就微塑料的发生和空间分布而言，大气是所有环境分区中研究最少的。与其他生态系统中的微塑料不同，空气中的微塑料可以被人体直接、持续地吸入，给人们带来严重的健康问题。因此，更好地了解大气环境中微塑料的浓度、来源和风险至关重要。

迄今为止，只有少数城市和地区开展了检测空气中微塑料的研究，包括中国北京、东莞和上海，美国加利福尼亚州，法国比利牛斯山脉和巴黎，德国汉堡，英国伦敦和诺丁汉等。相应的结果列于表 8 - 2 中。例如，中国上海的悬浮大气沉降物的平均丰度为 4.18 MPs/m^3[17]，伊朗阿萨鲁耶县的悬浮尘埃中微塑料的平均丰度为 0.3 ~ 1.1 MPs/m^3[18]。另一项研究发现，西太平洋悬浮大气气溶胶中微塑料浓度相对较低，范围为 0 ~ 1.37 MPs/m^3。[19]

表 8 - 2　大气环境中微塑料的浓度和特点

采样地点	浓度	形状	尺寸	材质	参考文献
伊朗（空气沉积物）	0.3 ~ 1.1 MPs/m³	纤维、颗粒	100 ~ 1 000 μm	—	[18]
比利牛斯山（空气沉积物）	44 ~ 249 MPs/m³	纤维、薄膜、碎片	10 ~ 5 000 μm	聚乙烯、聚乙烯对苯二甲酸酯、聚丙烯、聚苯乙烯、聚氯乙烯	[20]
意大利（冰川空气沉积物）	74.4 ± 28.3 MPs/kg	—	—	聚酰胺、聚乙烯、聚酯、聚丙烯	[21]
欧洲（积雪）	190 ~ 154 000 MPs/L	纤维	11 ~ 250 μm	橡胶、聚乙烯	[22]
北极（冰川积雪）	0 ~ 14 400 MPs/L	纤维	11 ~ 475 μm	橡胶、聚乙烯	[22]
中国广东（空气沉积物）	175 ~ 313 MPs/m³	纤维、薄膜、泡沫	200 ~ 4 200 μm	聚乙烯、聚丙烯、聚苯乙烯	[23]
德国（空气沉积物）	136 ~ 512 MPs/m³	碎片 >90%、纤维 <10%	63 ~ 5 000 μm	聚乙烯、聚四氟乙烯	[24]
中国（空气沉积物）	212 ~ 120 000 MPs/kg	纤维、颗粒	—	尼龙、聚乙烯、聚乙烯对苯二甲酸酯、聚甲基丙烯酸甲酯、聚丙烯、聚氨酯	[25]
中国上海（空气沉积物）	4.18 MPs/m³	纤维 ~67%、碎片 ~30%、颗粒 ~3%	23 ~ 5 000 μm	聚丙烯酸、聚丙烯腈、聚乙烯、聚酯、聚乙烯对苯二甲酸酯、尼龙	[17]

（续上表）

采样地点	浓度	形状	尺寸	材质	参考文献
西太平洋（气溶胶）	0～1.37 MPs/m³	纤维～60%、碎片～31%、颗粒～8%	20 μm～2 mm	聚乙烯对苯二甲酸酯、聚丙烯、聚苯乙烯、聚乙烯醇、聚氯乙烯	[19]

　　大气与其他环境介质的交界面存在各种动态热力学作用过程，其中监测到微塑料的存在。例如，一项研究发现意大利阿尔卑斯山的福尔尼冰川的每公斤干重沉积物含有 74.4 ± 28.3 个微塑料。[21] 另一项研究发现加拿大（21 900 ng/L）和奥地利（23 600 ng/L）[26] 的新降雪也受到微塑料污染。然而，在北极和欧洲的雪中发现了较高浓度的微塑料，范围为 0～154 000 MPs/L，表明微塑料随大气流的传输量较高。[22] 同样，在伊朗德黑兰的城市灰尘（2 933～20 167 MPs/kg 干灰尘）[27] 和中国主要城市的室内和室外灰尘（212～120 000 MPs/kg）[25] 中观察到极高浓度的微塑料污染。因此，考虑到微塑料污染在世界不同地区的广泛分布，微塑料的分析应该成为未来常规空气质量分析的一部分。此外，大气中的微塑料最终可以通过呼吸进入陆地生物，特别是人类体内。相比之下，流行病学研究已开始考虑将微塑料空气污染与呼吸和心血管疾病联系起来。

　　如上所述，基于微塑料在大气、陆地和水生生态系统中的交换，微塑料的大气传输是环境中微塑料动态循环的一个重要组成部分。尽管海洋中塑料颗粒的大量沉积被归因于河流和沿海排放，大气传输也被认为是不同生态系统塑料污染源动态迁移的重要途径。与所有大气污染物一样，研究人员认为微塑料的机械传输可能是通过扩散和沉积，因为它们可通过气压差在空气中传播并传输。在这方面，最近的实验和建模研究强调了微塑料在不同距离以及不同生态系统中的大气传输。例如，有研究发现微塑料的运输距离超过100 公里。[28] 因此，在北极、瑞士阿尔卑斯山等偏远地区以及德国不来梅等大都市地区的雪中，均发现微塑料的存在，证明了其长距离输送的可能性。

　　影响微塑料大气迁移的因素包括：风向、颗粒尺寸、降雨、人类活动以及人口密度。此外，一些研究已经证明了风向与空气中微塑料浓度之间的关系。例如，在德国汉堡，随着从西风到南风的方向变化，记录到微塑料污染增加[24]，而在下方向地点也记录到了更高的微塑料浓度[29]。微塑料的特性，特别是它们的大小、形状和长度也是影响其在大气中运输的主要因素。Enyoh等最近的一项研究发现，采样位置检测到的微塑料污染物种，粒径较小（<25 μm）的组分占主导地位，而较大尺寸的微塑料则相对较少。[28]

第三节 微塑料对陆生生态和陆生生物的影响

近年来，大量研究表明微塑料污染对各种陆地环境产生直接和间接毒害影响。值得注意的是，大部分进入水体的塑料废物最初是在陆地上生产、使用和丢弃的。因此，陆地环境被认为是巨大的微塑料储存库，这也暗示着陆地生态系统中的生物群具有微塑料暴露的风险，受到一定的毒害作用。因此，人们非常关注陆地样品（特别是土壤样品）是否存在微塑料。已有的部分研究报道的陆地环境中微塑料的浓度和特点见表 8 - 3。例如，德国东南部农业土壤中微塑料的浓度范围为 0 ~ 1.25 MPs/(kg·dw)，平均丰度为 0.34 MPs/(kg·dw)。[30] 然而，另一项研究对中国上海郊区四种不同土壤样品的微塑料进行研究，发现漫滩土壤中微塑料含量最高，达到 256.7 ± 62.2 MPs/kg，水稻土达到 190 ± 31.2 MPs/kg[17]。在另一项研究中，发现瑞士洪泛区土壤中的微塑料浓度为 593 MPs/kg。[31]

表 8 - 3 陆地环境中微塑料的浓度和特点

采样地点	浓度	形状	尺寸	材质	参考文献
中国武汉，农田	320 ~ 12 560 MPs/kg	纤维、微球	0.2 ~ 5 mm	聚酰胺、聚丙烯	[32]
智利，农田	1 100 ~ 3 500 MPs/kg	纤维（97%）、微珠、薄膜	< 2 mm	尼龙、聚乙烯、聚氯乙烯	[33]
澳大利亚，农田	300 ~ 67 500 MPs/kg	—	20 ~ 40 μm	聚氯乙烯、聚乙烯、聚苯乙烯	[34]

（续上表）

采样地点	浓度	形状	尺寸	材质	参考文献
美国，农田	7 387 ~ 47 047 MPs/m²	纤维、碎片	75 μm ~ 5 mm	聚苯乙烯、聚乙烯	[35]
中国新疆，农田	80.3 ~ 1 075.6 MPs/kg	薄膜	< 5 mm	聚乙烯	[36]
中国南京、无锡，土壤	420 ~ 1 290 MPs/kg	纤维（38.9% ~ 65.1%）、碎片	0.02 ~ 0.25 mm	聚乙烯、聚丙烯	[37]
中国上海，农田	136.6 ~ 256.7 MPs/kg	纤维、薄膜、碎片、颗粒	0.03 ~ 4.76 mm	聚乙烯、聚丙烯	[17]
德国，农田	0 ~ 1.25 MPs/kg	薄膜、碎片、纤维	1 ~ 5 mm	聚乙烯、聚丙烯、聚苯乙烯	[30]
瑞士，冲积平原	593 MPs/kg	—	500 μm ~ 5 mm	聚乙烯、聚丙烯、聚苯乙烯、聚氯乙烯	[31]
西班牙，农田	930 ~ 1 100 MPs/kg	碎片、纤维、薄膜	150 ~ 250 μm	聚丙烯、聚氯乙烯	[38]
西班牙，剩余污泥	18 000 ~ 32 070 MPs/kg	碎片、纤维、薄膜	—	聚丙烯、聚氯乙烯	[38]
中国黑龙江，农田	800 MPs/kg	—	0.05 ~ 5 mm	聚乙烯	[39]

同样，最近的研究发现土壤受到微塑料污染的程度有所加剧，这可以直接归因于塑料污染的持续增加。例如，在中国的农业土壤样品中观察到微塑料含量较高，达到 80.3 ~ 3 500 MPs/kg。[33,36] 中国武汉的蔬菜农田土壤含有更高浓度的微塑料（320 ~ 12 560 MPs/kg）[32]，城市采样点的微塑料污染更为严重，土壤中微塑料的浓度可达到 22 000 ~ 690 000 MPs/kg[40]。除了典型的土壤样本外，微塑料也在污水处理厂中积累，大量研究发现污水中的微塑料被转移到污泥。例如，据报道，中国南京的一个污水处理厂的剩余污泥中微

纳塑料浓度达到 5 553 ~ 13 460 MPs/kg。[37]

累积的微塑料对土壤系统的破坏效应往往难以量化。此外，微塑料与其他重金属和有机污染物存在相互作用，从而加剧了其危害程度，进而对各种陆生生物产生严重的威胁。[41]研究发现，微塑料会与土壤中的有机污染物相结合，形成持续复合污染，影响土壤理化特征并污染地下水，从而降低植物生长速率和整体生产力。[42]此外，微塑料还对土壤动物，特别是蚯蚓、线虫等产生显著的负面影响，通过各种毒性机制影响其生长、繁殖和生存，其机理包括生物累积、DNA 损伤、遗传毒性、肠道微生物群失调、组织病理学损伤、代谢紊乱、神经毒性、氧化应激和生殖毒性。在影响生物生理的基础上，还对基于这些土壤生物的污染物分解、养分循环和能量流动等自然生态活动产生负面影响，造成各种潜在的生态影响。此外，由于其高比表面积和疏水性，微塑料成为陆地病原体和有机污染物的载体。附着在微塑料上的病原微生物从土壤转移到植物，最终通过食物链转移到其他生物，从而对人类健康构成潜在威胁。

第四节　微塑料对人类健康的毒理学的影响

微塑料形成的过程会改变自身物理、化学性质，导致其电导率、粒径、反应性、比表面积、强度等与其母体存在显著不同。尽管关于微塑料在各种生物系统（尤其是人类）中的最终归趋还需要更深入的了解，但研究人员注意到，与大多数其他材料一样，塑料颗粒的生物反应性随着颗粒尺寸和比表面积的减小而增加。微塑料已被证明可影响不同生态系统的不同生命形式，研究微塑料对人类的潜在影响是重中之重。大部分塑料制品通常会加入添加剂来增强其性能，包括各种增塑剂、着色剂、阻燃剂和抗光老化剂等。这些添加剂的分子量较小，它们常以化学方式附着在聚合物材料上，或者融合在塑料制品中，因此，它们有从微塑料释放并渗入环境中的可能性。

多项研究表明，较小的纳米塑料更有可能进入并积聚在不同的细胞和组织中，从而影响细胞和组织的生理活动。不同生物体内和离体研究已经证明了上述现象，并进一步解释了可能放大或减少微塑料对活细胞毒性作用的因素。Forte 等已经证明了微塑料的大小对其进入生命系统的影响。[43]研究表明，PS 纳米塑料的细胞同化速率与颗粒尺寸成反比。在这方面，与 100 nm PS 微塑料相比，44 nm 尺寸的微塑料更容易被细胞吸收，其毒性作用更强。

此外，未改性的塑料聚合物在体外被证明可以特异性地影响胃细胞活力、炎症基因表达和细胞形态。研究还表明，向微塑料引入正电荷或负电荷可增强其对不同细胞的同化和毒性。例如，阳离子 PS 纳米塑料（60 nm）被不同的细胞系吸收，包括巨噬细胞（RAW 264.7）和上皮细胞（BEAS－2B），会使它们遭受严重损伤。[44] Bhattacharjee 等的研究结果也证实了 Xia 等人之前的观点。[45] 因为在这两项研究中，阳离子纳米颗粒都表现出比阴离子纳米颗粒更高的毒性。从这些研究中还可以推断，微塑料对细胞的毒性作用可能是由诱导的氧化应激引起的，从而导致一系列不良细胞活动和最终损伤。因此，人们认为微塑料可以在细胞和组织中积累，导致代谢紊乱和局部炎症。[46] 在这方面，微塑料的摄取以及细胞毒性作用已在多种人类细胞系中得到证实，包括肠细胞[47]、脑细胞和上皮细胞。[34]

微塑料通过不同的食物链进入人类和其他高等生物体内的情况一直受到科学界密切关注。尽管还没有确切的数据来证明微塑料在人体内的同化和代谢，但已有研究提出了多种进入途径和同化机制。除食物链外，人类吸收微塑料的替代途径还包括动物饲料[48]和海盐消耗[49]。最近，直接摄入微塑料，特别是聚对苯二甲酸乙二醇酯、PS 和 PP 微塑料的可能性引起了科学界和公众的广泛关注。例如，最近的一项研究表明，在接受调查的所有瓶装水品牌中，约 80% 都存在微塑料。[50] 此前估计，饮用瓶装水的人每年可能会额外摄入 90 000 颗微塑料，而完全依赖自来水的人则仅摄入 4 000 颗微塑料。[51] 此外，研究还表明，人类也可能通过饮用酒精、糖和自来水直接摄入微塑料，因为在这些样本中发现了不同水平的微塑料。类似的研究还表明，啤酒、蜂蜜、牛奶和其他一些饮料中也存在微塑料。[52,53]

在不同的研究中，通过估计微塑料的生物利用度，强调了哺乳动物对微塑料的吸收。[54,55] 在大鼠哺乳动物模型中，PS 微塑料的口服生物利用度估计为 7%，而在血液、骨髓、肝脏和脾脏中记录的生物利用度约为 4%。Hillery 等人的研究还记录了 PS 微塑料的较高生物利用度（~10%）。[55] 在两项不同的研究中观察到相同微塑料的生物利用度归因于老化时间和表面改性等因素。[56] 这些因素的影响在随后的研究中得到了确定。[57] 最近，PS 微塑料被证明可以通过激活 Wnt/β－catenin 信号通路引发心肌细胞凋亡而导致大鼠心脏纤维化。[58] 同样，PS 微塑料也被证明可以在大鼠模型中通过诱导破坏由 MAPK－Nrf2 信号通路调节的血睾屏障。[59] 尽管人类已经接触过个人护理产品（尤其是皮肤化妆品）中的微塑料，但目前还没有研究证明这些颗粒的皮肤生物利用度。对此，Huang 等假设人类可以通过皮肤吸收从个人护理产品的微珠中摄入微塑料[36]；然而，他们的研究无法通过任何科学实验证实这一说法，无论是在动物模型还是在细胞系中。

与其他纳米颗粒一样，微塑料的大表面积和复杂的表面结构会增强它们与各种细胞化合物（包括离子、脂质、蛋白质和水）的相互作用。因此，不同的微塑料已被证实会干扰各种生物体中的脂质代谢和运输。[60]最近，微塑料还被证实可以通过改变二级结构[61]并诱导蛋白质错误折叠来扭曲蛋白质的结构完整性。此外，蛋白质—纳米颗粒的相互作用也被证实可以产生冠状蛋白环[62]，显著影响细胞中纳米颗粒的内吞作用[63]。微塑料和铁离子等金属离子的相互作用也被认为可以促进离子吸收的增加，从而影响膜的完整性和功能。[64]微塑料还可能通过充当环境污染物的载体来直接或间接影响人类健康[65]。微塑料一般为非极性表面，意味着它们可以吸收并运输其他疏水化合物，特别是持久性有机污染物。然而，研究表明，尽管化学转移仍然可能发生，但微塑料主要充当被动采样器而不是持久性有机污染物的载体。

参考文献

[1] GRAY A D, WERTZ H, LEADS R R, et al. Microplastic in two South Carolina estuaries：occurrence, distribution, and composition [J]. Marine pollution bulletin, 2018, 128：223－233.

[2] KARLSSON T M, KÄRRMAN A, ROTANDER A, et al. Comparison between manta trawl and in situ pump filtration methods, and guidance for visual identification of microplastics in surface waters [J]. Environmental science and pollution research, 2020, 27（5）：5559－5571.

[3] SCHONLAU C, KARLSSON T M, ROTANDER A, et al. Microplastics in sea-surface waters surrounding Sweden sampled by manta trawl and in-situ pump [J]. Marine pollution bulletin, 2020, 153：1－8.

[4] ANDERSON P J, WARRACK S, LANGEN V, et al. Microplastic contamination in Lake Winnipeg, Canada [J]. Environmental pollution, 2017, 225：223－231.

[5] MINTENIG S M, LÖDER M G J, PRIMPKE S, et al. Low numbers of microplastics detected in drinking water from ground water sources [J]. Science of the total environment, 2019, 648：631－635.

[6] PEEKEN I, PRIMPKE S, BEYER B, et al. Arctic sea ice is an important temporal sink and means of transport for microplastic [J]. Nature communications, 2018, 9 (1): 1 – 12.

[7] PENG G Y, ZHU B S, YANG D Q, et al. Microplastics in sediments of the Changjiang estuary, China [J]. Environmental pollution, 2017, 225: 283 – 290.

[8] PENG G Y, XU P, ZHU B S, et al. Microplastics in freshwater river sediments in Shanghai, China: a case study of risk assessment in mega-cities [J]. Environmental pollution, 2018, 234: 448 – 456.

[9] PIVOKONSKY M, CERMAKOVA L, NOVOTNA K, et al. Occurrence of microplastics in raw and treated drinking water [J]. Science of the total environment, 2018, 643: 1644 – 1651.

[10] SCHYMANSKI D, GOLDBECK C, HUMPF H-U, et al. Analysis of microplastics in water by micro-Raman spectroscopy: Release of plastic particles from different packaging into mineral water [J]. Water research, 2018, 129: 154 – 162.

[11] YANG D Q, SHI H H, LI L, et al. Microplastic pollution in table salts from China [J]. Environmental science & technology, 2015, 49 (22): 13622 – 13627.

[12] YU X B, LADEWIG S, BAO S W, et al. Occurrence and distribution of microplastics at selected coastal sites along the southeastern United States [J]. Science of the total environment, 2018, 613 – 614: 298 – 305.

[13] VAN CAUWENBERGHE L, VANREUSEL A, MEES J, et al. Microplastic pollution in deep-sea sediments [J]. Environmental pollution, 2013, 182: 495 – 499.

[14] SANA S S, DOGIPARTHI L K, GANGADHAR L, et al. Effects of microplastics and nanoplastics on marine environment and human health [J]. Environmental science and pollution research, 2020, 27 (36): 44743 – 44756.

[15] BESSELING E, FOEKEMA E M, VAN DEN HEUVEL-GREVE M J, et al. The effect of microplastic on the uptake of chemicals by the lugworm Arenicola marina (L.) under environmentally relevant exposure conditions

[J]. Environmental science & technology, 2017, 51 (15): 8795 – 8804.

[16] AL-THAWADI S. Microplastics and nanoplastics in aquatic environments: challenges and threats to aquatic organisms [J]. Arabian journal for science and engineering, 2020, 45 (6): 4419 – 4440.

[17] LIU K, WANG X H, FANG T, et al. Source and potential risk assessment of suspended atmospheric microplastics in Shanghai [J]. Science of the total environment, 2019, 675: 462 – 471.

[18] ABBASI S, KESHAVARZI B, MOORE F, et al. Distribution and potential health impacts of microplastics and microrubbers in air and street dusts from Asaluyeh County, Iran [J]. Environmental pollution, 2019, 244: 153 – 164.

[19] LIU K, WU T N, WANG X H, et al. Consistent transport of terrestrial microplastics to the ocean through atmosphere [J]. Environmental science & technology, 2019, 53 (18): 10612 – 10619.

[20] ALLEN S, ALLEN D, PHOENIX V R, et al. Atmospheric transport and deposition of microplastics in a remote mountain catchment [J]. Nature geoscience, 2019, 12 (5): 339 – 344.

[21] AMBROSINI R, AZZONI R S, PITTINO F, et al. First evidence of microplastic contamination in the supraglacial debris of an alpine glacier [J]. Environmental pollution, 2019, 253: 297 – 301.

[22] BERGMANN M, MUTZEL S, PRIMPKE S, et al. White and wonderful? microplastics prevail in snow from the Alps to the Arctic [J]. Science advances, 2019, 5 (8): 1 – 10.

[23] CAI L Q, WANG J D, PENG J P, et al. Characteristic of microplastics in the atmospheric fallout from Dongguan city, China: preliminary research and first evidence [J]. Environmental science and pollution research, 2017, 24 (32): 24928 – 24935.

[24] KLEIN M, FISCHER E K. Microplastic abundance in atmospheric deposition within the Metropolitan area of Hamburg, Germany [J]. Science of the total environment, 2019, 685: 96 – 103.

[25] LIU C G, LI J, ZHANG Y L, et al. Widespread distribution of PET and PC microplastics in dust in urban China and their estimated human exposure

　　　　〔J〕. Environment international, 2019, 128: 116 – 124.

［26］ MATERIC D, KASPER-GIEBL A, KAU D, et al. Micro-and nanoplastics in alpine snow: a new method for chemical identification and (semi) quantification in the nanogram range 〔J〕. Environmental science & technology, 2020, 54 (4): 2353 – 2359.

［27］ DEHGHANI S, MOORE F, AKHBARIZADEH R. Microplastic pollution in deposited urban dust, Tehran metropolis, Iran 〔J〕. Environmental science & pollution research, 2017, 24 (25): 20360 – 20371.

［28］ ENYOH C E, VERLA A W, VERLA E N, et al. Airborne microplastics: a review study on method for analysis, occurrence, movement and risks 〔J〕. Environmental monitoring & assessment, 2019, 191 (11): 1 – 17.

［29］ CHEN G L, FENG Q Y, WANG J. Mini-review of microplastics in the atmosphere and their risks to humans 〔J〕. Science of the total environment, 2020, 703: 1 – 6.

［30］ PIEHL S, LEIBNER A, LÖDER M G J, et al. Identification and quantification of macro-and microplastics on an agricultural farmland 〔J〕. Scientific reports, 2018, 8 (1): 1 – 9.

［31］ SCHEURER M, BIGALKE M. Microplastics in swiss floodplain soils 〔J〕. Environmental science & technology, 2018, 52 (6): 3591 – 3598.

［32］ CHEN Y L, LENG Y F, LIU X N, et al. Microplastic pollution in vegetable farmlands of suburb Wuhan, central China 〔J〕. Environmental pollution, 2020, 257: 1 – 7.

［33］ CORRADINI F, MEZA P, EGUILUZ R, et al. Evidence of microplastic accumulation in agricultural soils from sewage sludge disposal 〔J〕. Science of the total environment, 2019, 671: 411 – 420.

［34］ SCHIRINZI G F, PéREZ-POMEDA I, SANCHíS J, et al. Cytotoxic effects of commonly used nanomaterials and microplastics on cerebral and epithelial human cells 〔J〕. Environmental research, 2017, 159: 579 – 587.

［35］ HELCOSKI R, YONKOS L T, SANCHEZ A, et al. Wetland soil microplastics are negatively related to vegetation cover and stem density 〔J〕. Environmental pollution, 2020, 256: 1 – 11.

［36］ HUANG Y, LIU Q, JIA W Q, et al. Agricultural plastic mulching as a source of microplastics in the terrestrial environment ［J］. Environmental pollution, 2020, 260: 1 - 6.

［37］ LI Q L, WU J T, ZHAO X P, et al. Separation and identification of microplastics from soil and sewage sludge ［J］. Environmental pollution, 2019, 254: 1 - 9.

［38］ VAN DEN BERG P, HUERTA-LWANGA E, CORRADINI F, et al. Sewage sludge application as a vehicle for microplastics in eastern Spanish agricultural soils ［J］. Environmental pollution, 2020, 261: 1 - 7.

［39］ ZHANG D, NG E L, HU W L, et al. Plastic pollution in croplands threatens long-term food security ［J］. Global change biology, 2020, 26 (6): 3356 - 3367.

［40］ ZHOU Y F, LIU X N, WANG J. Characterization of microplastics and the association of heavy metals with microplastics in suburban soil of central China ［J］. Science of the total environment, 2019, 694: 1 - 10.

［41］ CHAI B W, WEI Q, SHE Y Z, et al. Soil microplastic pollution in an e-waste dismantling zone of China ［J］. Waste management, 2020, 118: 291 - 301.

［42］ WAHL A, LE JUGE C, DAVRANCHE M, et al. Nanoplastic occurrence in a soil amended with plastic debris ［J］. Chemosphere, 2021, 262: 1 - 7.

［43］ FORTE M, IACHETTA G, TUSSELLINO M, et al. Polystyrene nanoparticles internalization in human gastric adenocarcinoma cells ［J］. Toxicology in vitro, 2016, 31: 126 - 136.

［44］ XIA T, KOVOCHICH M, LIONG M, et al. Cationic polystyrene nanosphere toxicity depends on cell-specific endocytic and mitochondrial injury pathways ［J］. ACS nano, 2008, 2 (1): 85 - 96.

［45］ BHATTACHARJEE S, ERSHOV D, ISLAM M A, et al. Role of membrane disturbance and oxidative stress in the mode of action underlying the toxicity of differently charged polystyrene nanoparticles ［J］. RSC advances, 2014, 4 (37): 19321 - 19330.

［46］ HU M Y, PALIC D. Micro-and nano-plastics activation of oxidative and inflammatory adverse outcome pathways ［J］. Redox biology, 2020, 37: 1 - 16.

［47］ STOCK V, BÖHMERT L, LISICKI E, et al. Uptake and effects of orally ingested polystyrene microplastic particles in vitro and in vivo ［J］. Archives of toxicology, 2019, 93（7）: 1817 – 1833.

［48］ KARBALAEI S, GOLIESKARDI A, WATT D U, et al. Analysis and inorganic composition of microplastics in commercial Malaysian fish meals ［J］. Marine pollution bulletin, 2020, 150: 1 – 7.

［49］ GüNDOGDU S. Contamination of table salts from Turkey with microplastics ［J］. Food additives & contaminants: part A, 2018, 35（5）: 1006 – 1014.

［50］ MAKHDOUMI P, AMIN A A, KARIMI H, et al. Occurrence of microplastic particles in the most popular Iranian bottled mineral water brands and an assessment of human exposure ［J］. Journal of water process engineering, 2021, 39: 1 – 8.

［51］ COX K D, COVERNTON G A, DAVIES H L, et al. Correction to human consumption of microplastics ［J］. Environmental science & technology, 2019, 53（12）: 7068 – 7074.

［52］ DIAZ-BASANTES M F, CONESA J A, FULLANA A. Microplastics in honey, beer, milk and refreshments in ecuador as emerging contaminants ［J］. Sustainability, 2020, 12（14）: 1 – 17.

［53］ EDO C, FERNÁNDEZ-ALBA A R, VEJSNæS F, et al. Honeybees as active samplers for microplastics ［J］. Science of the total environment, 2021, 767: 1 – 8.

［54］ JANI P, HALBERT G W, LANGRIDGE J, et al. Nanoparticle uptake by the rat gastrointestinal mucosa: quantitation and particle size dependency ［J］. Journal of pharmacy and pharmacology, 1990, 42（12）: 821 – 826.

［55］ HILLERY A M, JANI P U, FLORENCE A T. Comparative, quantitative study of lymphoid and non-lymphoid uptake of 60 nm polystyrene particles ［J］. Journal of drug targeting, 1994, 2（2）: 151 – 156.

［56］ SHEN M C, ZHANG Y X, ZHU Y, et al. Recent advances in toxicological research of nanoplastics in the environment: a review ［J］. Environmental pollution, 2019, 252: 511 – 521.

［57］ KULKARNI S A, FENG S S. Effects of particle size and surface modification on cellular uptake and biodistribution of polymeric nanoparticles for drug delivery [J]. Pharmaceutical research, 2013, 30 (10): 2512 – 2522.

[58] LI Z K, ZHU S X, LIU Q, et al. Polystyrene microplastics cause cardiac fibrosis by activating Wnt/β-catenin signaling pathway and promoting cardiomyocyte apoptosis in rats [J]. Environmental pollution, 2020, 265: 1 – 10.

[59] LI S D, WANG Q M, YU H, et al. Polystyrene microplastics induce blood-testis barrier disruption regulated by the MAPK-Nrf2 signaling pathway in rats [J]. Environmental science and pollution research, 2021, 28 (35): 47921 – 47931.

[60] LU L, WAN Z Q, LUO T, et al. Polystyrene microplastics induce gut microbiota dysbiosis and hepatic lipid metabolism disorder in mice [J]. Science of the total environment, 2018, 631 – 632: 449 – 458.

[61] HOLLÓCZKI O and GEHRKE S. Nanoplastics can change the secondary structure of proteins [J]. Scientific reports, 2019, 9 (1): 1 – 7.

[62] GOPINATH P M, SARANYA V, VIJAYAKUMAR S, et al. Assessment on interactive prospectives of nanoplastics with plasma proteins and the toxicological impacts of virgin, coronated and environmentally released-nanoplastics [J]. Scientific reports, 2019, 9 (1): 1 – 15.

[63] YEE M S L, HII L W, LOOI C K, et al. Impact of microplastics and nanoplastics on human health [J]. Nanomaterials, 2021, 11 (2): 1 – 22.

[64] MAHLER G J, ESCH M B, TAKO E, et al. Oral exposure to polystyrene nanoparticles affects iron absorption [J]. Nature nanotechnology, 2012, 7 (4): 264 – 271.

[65] HARTMANN N B, RIST S, BODIN J, et al. Microplastics as vectors for environmental contaminants: exploring sorption, desorption, and transfer to biota [J]. Integrated environmental assessment and management, 2017, 13 (3): 488 – 493.

后　记

　　千里之堤、溃于蚁穴，微塑料虽然微小，但其对环境生态和人类健康的影响已渗透到方方面面。人们的生活环境，上至宇宙空间站，下至马里亚纳海沟，都有微塑料的踪迹。微塑料伴随着人类活动，可以被认为是人类世界的代表性污染物之一。微塑料污染与你我生活密切相关，但我们无需惧怕，因为与微塑料有关的知识和规律被不断拓展和认识，人类终将了解并控制这类"微小又无处不在"的污染物。本书所论述的内容，不仅是对国内外最新知识和信息的总结，更融合了笔者近年来所从事研究的主要成果。

　　由于时间仓促，本书难免存在疏漏之处，恳请读者批评指正。

　　最后，感谢爱人张海璇在著作编写过程中的关心和帮助，感谢曾永平教授对我工作的大力支持，感谢廖芷安琪、谭宗奕、张宸杰、区华丽、刘瑞涓、吴欣霓等的贡献和付出。

欧桦瑟

2023 年 12 月